微分積分の
押さえどころ

辻川 亨　大塚浩史
出原浩史
伊藤 翼
矢崎成俊
共著

学術図書出版社

■ 本書を手に取ってくれたみなさま

　日本に限らず，世の中に微分積分の本は山ほどあります．筆者の一人も，微分積分の教科書を数年前に上梓しています．その中で，本書を改めて執筆し，そして世に問う理由は，次のような大学生に出会うからです．

習うより慣れたい学生

　高校において，数学 III を全く学んでいない，ほとんど学んでいない，あるいは，学んだが全くといってよいほど身についていない高校生．

　そして，入学したはよいが，その後困ってしまった大学 1 年生．

自信を持ちたい学生

　これから数学を使う専門科目の講義に取り組むのに，合成関数の微分や置換積分の計算に自信が持てない大学 2 年生．

勘を取り戻したい学生

　理工系や経済系の数学を使う研究室に配属されたが，「ビセキ」を忘れてしまった大学 3 年生や 4 年生．

　このような学生を念頭に，
- 関数のグラフの様子
- 合成関数の微分
- 置換積分

の三つを柱に，多くのグラフと，丁寧な解答付きの厳選された問題とともに執筆しました．また，ベクトル，行列，複素数についてもコンパクトにまとめました．付録の三角比，一般角，指数，対数，そして e の定義もちょっとした思い出しに利用して下さい．

　本書は，微分積分の深い所までを網羅することは目指しておりません．大なたを振るって，割愛したものは山ほどあります．高校数学の教科書の微分積分に関する内容をすべて含んでいるわけではありません．したがって，大学以降で使われる標準的な微分積分の教科書の内容に比べると，扱われてい

ない重要な内容は，いくつもあります．例えば，平均値の定理は，高校数学のそれを前提としたため，扱っていません．大学数学における平均値の定理の「証明」は，実数の本質に絡む深淵な内容ですが，それは本書の目指すところではないため，標準的な微分積分の教科書に譲っています．

　繰り返しになりますが，本書の読者対象は，上にあげたような

　　　　　習うより慣れたい，自信を持ちたい，勘を取り戻したい

人たちです．そのような人たちの押さえるべきポイントは，筆者らの経験上，

　　　　　関数のグラフが描けること

　　　　　合成関数の微分，置換積分に戸惑わないこと

に集約されます．そして，そこを押さえれば前に進めると考えています．

　その気持ちを込めて，本書のタイトルをつけました．本書をきっかけに，より深くより美しい微分積分学の世界に，肥沃な応用数学の世界に，あるいは，自在に数学を扱う各分野の世界に，勇躍して足を運んでもらえたら望外の喜びです．

　最後になりましたが，明治大学理工学研究科数学専攻の飯島ひろみ，舘野周一，上形泰英，小林俊介，数学科／数学専攻 OB の加茂章太郎，近藤寛司，澤亨保，宗像俊行，山根匡史，および株式会社レキシーの秋田健一，以上の諸氏には，数学が数楽であったかの観点や現役高校教員の視点などから，原稿を吟味し，多くの誤植を発見し，そして鋭いツッコミをしてくださり，本書が格段に良くなりました．また，学術図書出版社の高橋秀治氏には，2001年頃の出会いから，時空を超えた巡り会いがあって，最終的に本書出版へと繋がりました．

　皆様に，そしてこれから出会う多くの皆様に深く感謝いたします．

2019 年 6 月 9 日

　　　　　　　　　　　　　　　　　　　　　著者を代表して

　　　　　　　　　　　　　　　　　　　　矢 崎 成 俊

目 次

本書を手に取ってくれたみなさま　　　　　　　　　　　　i

集合の記号についての説明　　　　　　　　　　　　　　viii

第1章　関数　　　　　　　　　　　　　　　　　　　1

1　写像 1

　1.1　写像 1

　1.2　写像の分類 2

2　関数 3

　2.1　関数 3

　2.2　合成関数 6

　2.3　単調関数 7

　2.4　連続関数 7

　2.5　逆関数 8

3　グラフ 10

　3.1　グラフ 10

　3.2　最大値と最小値 11

　問の解答 14

　章末問題解答 14

第2章　関数とグラフの概形 (I)　　　　　　　　　17

1　2次関数 17

　1.1　放物線 17

iv　目　次

1.2	グラフの移動	18
1.3	放物線と 2 次不等式	20
1.4	2 次関数の最大値と最小値	22
2	**多項式関数**	**24**
2.1	多項式関数	24
2.2	偶関数と奇関数	25
3	**分数関数と無理関数**	**27**
3.1	分数関数	27
3.2	無理関数	28
	問の解答	31
	章末問題解答	34

第3章　関数とグラフの概形 (II)　　38

1	**三角関数**	**38**
1.1	三角関数の定義	38
1.2	三角関数の性質	41
1.3	加法定理と加法定理から導かれる基本的な公式	46
2	**指数関数と対数関数**	**55**
2.1	指数と対数	55
2.2	指数関数の定義と性質	55
2.3	対数関数の定義と性質	57
	問の解答	62
	章末問題解答	74

第4章　微分，特に合成関数の微分　　77

1	**微分**	**77**
1.1	極限値と微分係数	77
1.2	導関数	79
2	**グラフの概形を描く**	**84**

目　次　　*v*

2.1　接線の方程式	84
2.2　関数の増減と極大・極小	86
3　合成関数の再考	89
4　合成関数の微分の導入	90
5　合成関数の微分 (計算)	92
5.1　いろいろな関数の微分法	93
6　逆関数の微分	101
問の解答	104
章末問題解答	107

第 5 章　積分，特に置換積分 　　　　　　　　　　　　109

1　不定積分	109
1.1　不定積分 (I)	109
1.2　不定積分 (II)	112
2　定積分	116
2.1　定積分の定義	116
2.2　定積分の性質	116
2.3　定積分と面積	118
3　置換積分	120
3.1　不定積分の置換積分法	120
3.2　定積分の置換積分法	122
4　積分の応用	125
4.1　定積分と体積	125
4.2　曲線の長さ	127
問の解答	132
章末問題解答	135

第 6 章　ベクトル，行列，複素数 　　　　　　　　　　　139

1　ベクトル	139

vi　目　次

1.1　ベクトルの定義	139
1.2　ベクトルの和	141
1.3　ベクトルの実数倍と差	143
1.4　ベクトルの大きさとなす角	145
1.5　ベクトルの内積	146
1.6　基本ベクトル	148
1.7　行列論に向けた問題提起	149
2　　行列	151
2.1　連立1次方程式	151
2.2　連立1次方程式の典型的解法	152
2.3　行列の定義	152
2.4　行列の相等，和，スカラー倍	155
2.5　行列の積	157
2.6　回転行列	161
2.7　回転の合成と逆回転	164
2.8　逆行列	165
3　　複素数	167
3.1　虚数単位 i	167
3.2　回転	169
問の解答	173

付録 A　三角比と一般角　　　　177

1　　三角比，正弦定理，余弦定理	177
1.1　三角比	177
1.2　正弦定理と余弦定理	179
2　　弧度法と一般角	180
2.1　弧度法	180
2.2　一般角	182
問の解答	184

付録 B　指数と対数　　186

　　1　　指数 186

　　　　1.1　指数の定義と計算 186

　　2　　対数 188

　　　　2.1　対数の定義と計算 188

　　　　問の解答 191

付録 C　e の定義　　193

　　1　　極限とはさみうちの原理 193

　　　　1.1　数列の極限 193

　　　　1.2　関数の極限 194

　　　　1.3　はさみうちの原理 195

　　2　　e の定義 196

　　　　2.1　ネイピア数 196

　　　　問の解答 199

viii

▌集合の記号についての説明

本書で用いる集合の記号について以下のようにまとめておく.

- a が集合 A の要素であるとき,a は集合 A に属するといい

$$a \in A \quad \text{あるいは} \quad A \ni a$$

と表す.また,b が集合 A の要素でないことを

$$b \notin A \quad \text{あるいは} \quad A \not\ni b$$

と表す.

- 集合 A の要素がすべて集合 B の要素であるとき,集合 A は集合 B の部分集合であるといい,$A \subset B$ と表す.

- 集合 A の要素が a, b, c のみであるとき $A = \{a, b, c\}$ と表す.

- 条件 (P) を満たす要素 x 全体の集合を $\{x \mid (P)\}$ と表す.
  例えば $x^2 - 1 = 0$ を満たす x の集合は $\{x \mid x^2 - 1 = 0\}$ である.

- 集合 A と集合 B が互いに部分集合であるとき $A = B$ と表す.
  例えば $\{x \mid x^2 - 1 = 0\} = \{1, -1\}$ である.

- $\mathbb{R}$ は実数 (**real** numbers) 全体の集合,$\mathbb{C}$ は複素数 (**complex numbers**) 全体の集合をそれぞれ表す.

第 1 章

関数

　写像や関数は，ものとものの対応を抽象化した概念である．したがって，素朴に表現すれば，関数は対応であり，例えば合成関数は原価→定価→売価といった複数の対応を一つにまとめたものといえる．また，逆関数は逆の対応で，グラフの概形を描くことは対応の可視化といえよう．本章では，写像，関数，合成関数，単調関数，グラフ，および関数の最大最小について概観する．

1　写像

1.1　写像

　人類の発見の一つに「対応」という概念がある．数列は，素朴には数の並びであるが，一つずつ並べるという行為，言い換えると，自然数一つ一つにある数を対応させる操作の結果として得られるものである．例えば，

$$
\begin{array}{ccccccc}
\text{数 列} \to & 1 & 1 & 2 & 3 & 5 & 8 \\
\text{対 応} \to & \uparrow & \uparrow & \uparrow & \uparrow & \uparrow & \uparrow & \cdots \\
\text{自然数} \to & 1 & 2 & 3 & 4 & 5 & 6
\end{array}
$$

　一般に，二つの集合 X, Y があって，X の各要素 x に対して Y のある要素 y が定まっているとき，すなわち，

$$x \in X \text{ に対して } y \in Y \text{ が定まっている}$$

とき，X から Y への対応という．特に，

2   第1章　関数

　　　　　　$x \in X$ に対して $y \in Y$ がただ一つ対応している

とき，この対応を X から Y への写像という．

　写像を f としたとき，

$$
\begin{array}{ccc}
f : X & \to & Y \\
\cup & & \cup \\
x & \mapsto & y
\end{array}
$$

あるいは，

$$
f : X \to Y;\ x \mapsto y \qquad や \qquad f : X \ni x \mapsto y \in Y
$$

などと書く．

　写像 $f : X \to Y;\ x \mapsto y$ において，X を f の定義域という．また，y を x の f による像あるいは値といい $y = f(x)$ と書く．すべての $x \in X$ について f の値 $f(x)$ 全体の集合を f の値域あるいは像といい，

$$
f(X) = \{ f(x) \in Y \mid x \in X \}
$$

などと表す．一般に $f(X) \subset Y$ である．

　通常，与えられた関数の定義域は，何もいわれなかったら，できるだけ大きい集合を考える．例えば，$\log x$ の定義域は $\{ x \in \mathbb{R} \mid x > 0 \}$ であるし，$1/x$ の定義域は $\{ x \in \mathbb{R} \mid x \neq 0 \}$ である．（「関数」はすぐ後で改めて定義する．）

1.2　写像の分類

　写像 $f : X \to Y$ において，次のものが基本的な分類である．

(1) $f(X) = Y$ の場合，すなわち $y \in Y$ に対して $y = f(x)$ となる $x \in X$ が
　　あるとき，写像 f は上への写像，または全射であるという．

(2) $x_1,\ x_2 \in X$ に対して，

$$
x_1 \neq x_2 \Rightarrow f(x_1) \neq f(x_2)
$$

　　がつねに成り立つ場合，写像 f は 1 対 1 写像，または単射であるという．上の条件は，

$$
f(x_1) = f(x_2) \Rightarrow x_1 = x_2
$$

　　といっても同じことである．

(3) f が全射かつ単射のとき，f は **1 対 1 上への写像**，または**全単射**という.

2 関数

2.1 関数

写像 $f : X \to Y$; $x \mapsto y$ において，行き先の集合 Y が実数全体の集合 $\mathbb{R}$ や複素数全体の集合 $\mathbb{C}$ のとき，この写像を**関数** (function) とよぶことが多い．このとき，y は x の関数であるといい，$y = f(x)$ と書く．すなわち，

$$
\begin{array}{ccc}
f : X & \to & \mathbb{R} \\
\cup & & \cup \\
x & \mapsto & y = f(x)
\end{array}
$$

コラム 1 (関数記号)　関数の英語は function(機能) であるが，これはライプニッツがラテン語の functio を使ったことに由来する．「y は x の関数である」ことを英語で「y is a function of x」といい，これを function の頭文字を使った関数記号 f を用いて，$y = f(x)$ と表記するのはオイラー以来の伝統である．「関数」は昭和のはじめ頃までは函数 (旧字体では函數) と書いていた．函数は中国において functio から音訳されたものといわれている．「函」は箱 (box) の意味があり，そのことから，関数 f の概念をブラックボックスとして比喩的に用いることも多い．図 1.1 は，入力 x に対して，ある機能 $f(\ \ )$ が施され，その結果が $y = f(x)$ として出力されるという箱である．(函数を functio からの音訳とともに図 1.1 のようなニュアンスで意訳していたとしたら非常にセンスのよい訳出であるが，本当のところは不明である．)

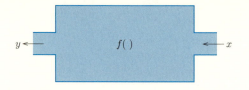

図 1.1 関数 f の概念図

例えば，関数 f が入力を 2 乗せよという機能だったならば，$f(x) = x^2$ と書かれるが，x という文字は数学的な習慣で書いているものであって，x を書かなければならないわけではない．

$$f(\ ) = (\ )^2$$

という機能を表しただけであり，本来，空白の部分には何を入れてもよい．

$$f(t) = t^2, \quad f(数) = 数^2, \quad f(A) = A^2, \quad f(♡) = ♡^2, \quad \cdots$$

だからといって，$f(f) = f^2$ と書いたら紛らわしいし（それどころか意味が変わる．本章 2.2 節参照），$f(数) = 数^2$ は海外では閉口する．x は万国共通に使い慣れている文字である．

例 1.1 数列とは自然数の集合から実数，あるいは複素数の集合への関数に他ならない．すなわち，自然数 n に対する $f(n)$ の集合 $\{f(n)\}_{n=1}^{\infty}$ を数列とよぶ．通常，自然数 n は文字に添えて，$f(n)$ を a_n などと書くことが多い．

例 1.2 正三角形の一辺の長さを x とし，面積を y とする．x はいろいろな正の値をとり得るが，それに対応して y の値がただ一つ定まるから y は x の関数である．実際，$y = \dfrac{\sqrt{3}}{4} x^2$ と書ける．$a = \dfrac{\sqrt{3}}{4}$ とし，$f(x) = ax^2$ とおけば，$y = f(x)$ である．

例えば，$x = 2$ のときの y の値は $y = f(2) = 4a = \sqrt{3}$ である．

一定の値を表す数を**定数**といい，定数でない数を**変数**という．また，$x = \alpha$

における関数 $f(x)$ の値を $f(\alpha)$ と表す. 例 1.2 において, x や y の値は一定でないので x と y はそれぞれ変数である. 一方, a の値は一定なので, a は定数である. アルファベットの最初の方の文字 a, b, c, $\cdots$ を定数に, 最後の方の文字 x, y, z, $\cdots$ を変数に使うのはデカルト以来の慣習である.

変数 x を決めると, それに対応して変数 y の値が定まるとき y は x の関数といって $y = f(x)$ と書いた. x と y は共に変数とよぶが「立場」が異なる. その立場を明確にしたいとき, x を独立変数, y を従属変数とよぶ.

例 **1.3**　等速度 a (m/sec) で運動している物体が t 秒間に進む距離を x (m) とすると, $x = at$ という関係式が成り立つ. a は定数, t は独立変数, x は従属変数である. x は t の関数であるから $f(t) = at$ とおいて, $x = f(t)$ と書ける. 文字の倹約で, $x = x(t)$ と書くこともある. この場合, 左辺の x は従属変数, 右辺 $x(t)$ の x は関数の意味となる.

例 **1.4**　理想気体の状態方程式 $PV = nRT$ において (n は物質量, R はモル気体定数), 温度 T が一定の状態の下では, 圧力 P を独立変数とみれば, 体積 V は P の関数となる. 一方, 体積 V を独立変数とみれば, 圧力 P は V の関数となる. どちらも独立変数になり得る.

独立変数 x のとり得る値の範囲 (集合) を関数の定義域 (**domain**) といい D, I などと表すことが多い. ここで, I は区間 (**interval**) の頭文字である.

例 **1.5**　$f(x) = \sqrt{x}$ の定義域は $[0, \infty)$ である.

区間の記号について整理しておく.

$$(a, b) = \{x \mid a < x < b\} : 開区間$$

$$[a, b) = \{x \mid a \leqq x < b\} : 半開区間 (詳しくは, 右半開区間)$$

$$(a, b] = \{x \mid a < x \leqq b\} : 半開区間 (詳しくは, 左半開区間)$$

$$[a, b] = \{x \mid a \leqq x \leqq b\} : 閉区間$$

例えば, 実数全体の集合は $\mathbb{R} = (-\infty, \infty)$ である.

6   第1章 関数

関数 $y = f(x)$ において，独立変数 x が定義域の中をくまなく動いたとき
の，従属変数 y のとり得る値の範囲 (集合) を関数の値域という．例えば，関
数 f の定義域が I のとき，値域は

$$f(I) = \{f(x) \mid x \in I\}$$

と表される．

例 1.6   関数 $f(x) = \sin x$ の定義域は $I = \mathbb{R}$ で，値域は $f(I) = [-1, 1]$ であ
る．(図 3.5 (44 ページ) を参照．)

2.2   合成関数

関数 $y = f(x)$ と関数 $z = g(y)$ があって，関数 f の定義域と関数 g の定義
域をそれぞれ I と J とする．関数 f の値域 $f(I)$ が関数 g の定義域 J に含ま
れるならば，すなわち，$f(I) \subset J$ ならば，すべての $x \in I$ に対して $g(f(x))$
が定まる．このとき，x に対して $z = g(f(x))$ を対応させる関数を f と g の
合成関数とよび，$\boldsymbol{g \circ f}$ と書く．よって，$x \in I$ に対して

$$g \circ f(x) = g(f(x))$$

であり，関数 $g \circ f(x)$ の定義域は I となる．

例 1.7   原価 x 円の商品の定価を $f(x) = x + 1000$ 円と定める．また，定価
y 円に消費税 10% を掛けた売価を $g(y) = 1.1y$ 円とすると，原価 x 円の商品
の売価は $g(f(x)) = 1.1(x + 1000)$ 円となる．

関数の移動は関数の合成に関わっている．例えば，平行移動に対応する関
数を

$$S_a(x) = x + a$$

とし，スケール変換 (定数倍) に対応する関数を

$$M_a(x) = ax$$

として，2 次関数を

$$Q(x) = x^2$$

とする．このとき，2 次関数

$$f(x) = a(x + p)^2 + q$$

は，

$$f = S_q \circ M_a \circ Q \circ S_p$$

のように合成関数として表現される．

> **問 1.1**　$a \neq 0$ とし，一般の 2 次関数 $f(x) = ax^2 + bx + c$ を，S_α, M_β, Q の
> 合成関数として表現せよ．

2.3　単調関数

関数の単調性について，以下のように定義する．関数 f の定義域内の区間
を I とし，任意に $a, b \in I$ をとる．このとき，

$a < b$ ならば $f(a) \leqq f(b)$ となる関数 f は I で単調増加である

$a < b$ ならば $f(a) \geqq f(b)$ となる関数 f は I で単調減少である

という．例えば $f(x) = [x]$ は $\mathbb{R}$ で単調増加関数である．(x を超えない最大
の整数を $[x]$ と表す (ガウス記号とよぶ)．)

条件を制限して，

$a < b$ ならば $f(a) < f(b)$ となる関数 f は I で狭義単調増加である

$a < b$ ならば $f(a) > f(b)$ となる関数 f は I で狭義単調減少である

という．例えば $f(x) = x^3$ は $\mathbb{R}$ で狭義単調増加関数である．

2.4　連続関数

関数が連続であるとは，直観的にはグラフが繋がっていることであり，数
学的には $\lim\limits_{h \to 0} f(a + h) = f(a)$ が成り立つとき，関数 f は $x = a$ で連続であ
るという．

8   第1章 関数

2.5 逆関数

$f(x) = x$ である関数 f を恒等関数 (**id**entity function) とよび，id などと表す．すなわち，$\mathrm{id}(x) = x$ である．

X, Y を空でない実数の集合とし，関数 $f : X \to Y$ が全単射のとき，

$$g \circ f = \mathrm{id}, \quad f \circ g = \mathrm{id}$$

となるような関数 $g : Y \to X$ が唯一つ存在する．このような関数 g を f の逆関数 (**inverse** function) とよび，f^{-1} と表す．すなわち，

$$f^{-1}(f(x)) = x \in X, \quad f(f^{-1}(y)) = y \in Y$$

である．(f^{-1} はエフ・インバースと読む．)

注 1.8　$y = f(x)$ と $y = f^{-1}(x)$ のグラフは，直線 $y = x$ について対称である (図 1.2〜1.4).

一般に，次の事実が知られている．

関数 f が連続で狭義単調ならば逆関数が存在する．

例 1.9　3次関数

$$f : \mathbb{R} \to \mathbb{R}; \ x \mapsto x^3$$

は，この区間で狭義単調増加である．よって逆関数をもち，逆関数は $f^{-1}(x) = \sqrt[3]{x} \, (= x^{1/3})$ である (図 1.2 (a)).

例 1.10　自然対数 (e を底とする対数関数)

$$f : (0, \infty) \to \mathbb{R}; \ x \mapsto \log x$$

は，この区間で狭義単調増加である．よって逆関数をもち，逆関数は，指数関数 $f^{-1}(x) = e^x$ である (図 1.2 (b)). (e については付録 C を参照.)

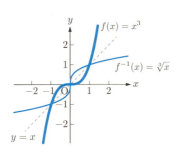
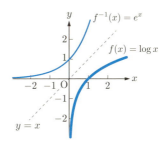

(a) 関数 x^3 と逆関数 $\sqrt[3]{x}$ (b) 関数 $\log x$ と逆関数 e^x

図 1.2 関数 $f(x)$ と逆関数 $f^{-1}(x)$

例 1.11 a を 1 でない正定数とする．このとき a を底とする指数関数

$$f : \mathbb{R} \to (0, \infty); \ x \mapsto a^x$$

は，この区間で狭義単調である ($a > 1$ のとき狭義単調増加，$0 < a < 1$ のとき狭義単調減少)．よって逆関数をもち，逆関数は，a を底とする対数関数 $f^{-1}(x) = \log_a x$ である (図 1.3)．

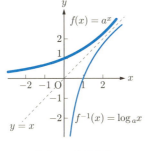
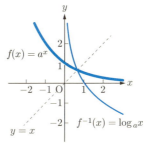

(a) $a > 1$ のとき (b) $0 < a < 1$ のとき

図 1.3 関数 a^x と逆関数 $\log_a x$

定義域の制限

関数によっては，定義域を制限して狭義単調性を確保する場合もある．

例 **1.12** (2 次関数 $y = x^2$ の定義域 $\mathbb{R}$ を $[0, \infty)$ に制限した) 関数
$$f : [0, \infty) \to [0, \infty);\ x \mapsto x^2$$
は，この区間で狭義単調増加である．よって逆関数をもち，逆関数は，無理関数 $f^{-1}(x) = \sqrt{x}\,(= x^{1/2})$ である (図 1.4 (a))．

例 **1.13** (正弦関数 $y = \sin x$ の定義域 $\mathbb{R}$ を $\left[-\dfrac{\pi}{2}, \dfrac{\pi}{2}\right]$ に制限した) 関数
$$f : \left[-\frac{\pi}{2}, \frac{\pi}{2}\right] \to [-1, 1];\ x \mapsto \sin x$$
は，この区間で狭義単調増加である．よって逆関数をもち，逆関数は，逆正弦関数 $f^{-1}(x) = \arcsin(x)$ である (図 1.4 (b))．

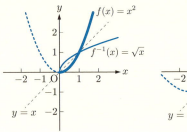
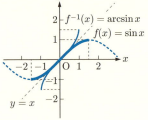

(a) 定義域が制限された関数 x^2 と逆関数 $\sqrt{x}$

(b) 定義域が制限された関数 $\sin x$ と逆関数 $\arcsin x$

図 **1.4** 定義域が制限された関数 $f(x)$ と逆関数 $f^{-1}(x)$

3 グラフ

3.1 グラフ

xy 平面上で関数 $y = f(x)$ を満たす変数 x と y の組 (x, y) を座標とする点の集合，すなわち，点 $(x, f(x))$ 全体は，直線や曲線などの図形をつくる．このような図形を $y = f(x)$ の**グラフ**とよぶ．

例えば，$y = x^2$, $y = |x|$, $y = \sqrt{1 - x^2}$ などのグラフの概形は図 1.5 のようになる．一般に，グラフの概形を描くことができることは多い．

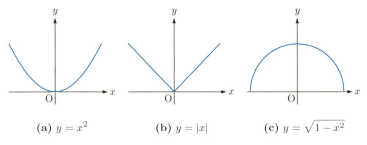

図 1.5 グラフの概形

しかし，例えば次の関数のように，関数やグラフは定義出来てもその概形すら描くことが困難な関数もある．

$$f(x) = \begin{cases} 1 & (x \text{ は有理数}) \\ 0 & (x \text{ は無理数}) \end{cases}$$

この関数は，ディリクレ関数とよばれ，いたるところで不連続である．

注 1.14 以下の関係を理解することは大切である．

$$\sqrt{x^2} = |x|$$

問 1.2 $f(x) = x^2$, $g(x) = \sqrt{x}$ とすると，$g \circ f(x) = |x|$ であるが，$f \circ g(x) = x$ であることを確認せよ．

3.2 最大値と最小値

定義域に属する a とすべての x に対して，

$f(a) \geqq f(x)$ となるとき，$f(a)$ を $f(x)$ の**最大値**

$f(a) \leqq f(x)$ となるとき，$f(a)$ を $f(x)$ の**最小値**

という．

例題 1.15 図 1.6 のように，長さ 40 cm の針金を折り曲げて長方形を作るとき，その長方形の面積の最大値を求めよ．また，それはどんな図形か．

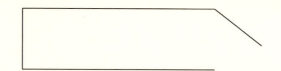

図 1.6 折り曲げた針金

<u>答</u> 一辺の長さを x cm とすれば，もう一辺の長さは $20-x$ cm である．長方形の面積は，
$$S = x(20-x) \quad (0 < x < 20)$$
であるから，
$$S = -(x^2 - 20x) = -(x-10)^2 + 100$$
より，最大値は 100 cm^2，形は一辺の長さが 10 cm の正方形である． <u>終</u>

注 1.16 α と β を任意の数とし，その中点を $\gamma = \dfrac{\alpha+\beta}{2}$ とする．このとき，2次関数 $f(x) = (x-\alpha)(\beta-x)$ の最大値は $x=\gamma$ において達成される．したがって，例題 1.15 において，S を平方完成しなくても最大値が $x = \dfrac{0+20}{2} = 10$ で達成されることがわかる．

関数の最大値と最小値は，定義域においてグラフを描けば，どこの値を求めればよいのか読み取ることができる．

問 1.3 次の各関数のグラフを描いて，最大値，最小値をそれぞれ求めよ．
(1) $y = 2x+1 \quad (-2 \leqq x \leqq 2)$ (2) $y = |x-2| \quad (-1 \leqq x \leqq 2)$

▌第1章　章末問題

1.1　関数 $y = |x - a|$ $(-1 \leqq x \leqq 1)$ の最大値と最小値を求めよ.

1.2　以下の各問に答えよ.

(1) 不等式 $2 \leqq |x + 1| < 5$ を満たす x の範囲を求めよ.

(2) $|a + 2| + |a - 3|$ を絶対値の記号を使わずに表せ.

(3) $\sqrt{(x + 2)^2} + \sqrt{(x - 1)^2}$ を簡単にせよ.

1.3　関数 $f(x) = |2x - 1|$ において, 次の各問に答えよ.

(1) $f(-1)$, $f(2)$ の値を求めよ.

(2) $y = |2x - 1|$ のグラフを描け.

(3) 2つのグラフ $y = |2x - 1|$ と $y = x + 1$ の交点の座標を求めよ.

(4) 不等式 $|2x - 1| > x + 1$ を解け.

1.4　関数 $f(x) = x^3$ は $\mathbb{R}$ から $\mathbb{R}$ への単射であり, また $\mathbb{R}$ で狭義単調増加であることを示せ.

第1章 問の解答

1.1 関数 f を平方完成すると，
$$f(x) = a\left(x^2 + \frac{b}{a}x + \frac{c}{a}\right)$$
$$= a\left(\left(x + \frac{b}{2a}\right)^2 - \frac{b^2}{4a^2} + \frac{c}{a}\right)$$
$$= a\left(\left(x + \frac{b}{2a}\right)^2 - \frac{b^2 - 4ac}{4a^2}\right)$$
$$= a\left(x + \frac{b}{2a}\right)^2 - \frac{b^2 - 4ac}{4a}$$

となるから，
$$p = \frac{b}{2a}, \quad q = -\frac{b^2 - 4ac}{4a}$$

とおくと，$f(x) = a(x+p)^2 + q$ となって，
$$f = S_q \circ M_a \circ Q \circ S_p$$

と分解される．

1.2 各関数の定義域と値域を確認すると，
$$f : \mathbb{R} \to [0, \infty)$$
$$g : [0, \infty) \to [0, \infty)$$

である．したがって，すべての $x \in \mathbb{R}$ に対して，
$$g \circ f(x) = g(f(x)) = \sqrt{x^2} = |x|$$

であり，すべての $x \in [0, \infty)$ に対して，
$$f \circ g(x) = f(g(x)) = (\sqrt{x})^2 = x$$

となる．

1.3 (1) 最大値は 5 $(x = 2)$，最小値は -3 $(x = -2)$．

図 1.7 は，$y = 2x + 1$ の $-2 \leqq x \leqq 2$ におけるグラフの概形である．

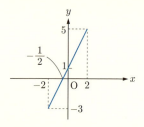

図 1.7

(2) 最大値は 3 $(x = -1)$，最小値は 0 $(x = 2)$．

図 1.8 は，$y = |x - 2|$ の $-1 \leqq x \leqq 2$ におけるグラフの概形である．

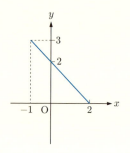

図 1.8

第1章 章末問題解答

1.1 a の値によって場合分けする．
$a > 1$ のとき
　最大値は $1 + a$ $(x = -1)$
　最小値は $-1 + a$ $(x = 1)$
$0 \leqq a \leqq 1$ のとき
　最大値は $1 + a$ $(x = -1)$
　最小値は 0 $(x = a)$
$-1 \leqq a < 0$ のとき
　最大値は $1 - a$ $(x = 1)$
　最小値は 0 $(x = a)$
$a < -1$ のとき
　最大値は $1 - a$ $(x = 1)$

最小値は $-1-a$ $(x=-1)$

1.2 (1) $2 \leqq |x+1|$ より,
$$x+1 \leqq -2,\ 2 \leqq x+1$$
$$\Leftrightarrow x \leqq -3,\ 1 \leqq x$$
一方, $|x+1| < 5$ より,
$$-5 < x+1 < 5$$
$$\Leftrightarrow -6 < x < 4$$
これらを共に満たすので,
$$-6 < x \leqq -3,\ 1 \leqq x < 4$$

(2) a の値によって場合分けする.
$a < -2$ のとき
$\quad |a+2|+|a-3|$
$\quad = -(a+2)-(a-3) = -2a+1$
$-2 \leqq a < 3$ のとき
$\quad |a+2|+|a-3|$
$\quad = a+2-(a-3) = 5$
$3 \leqq a$ のとき
$\quad |a+2|+|a-3|$
$\quad = a+2+a-3 = 2a-1$

(3) $\sqrt{(x+2)^2} + \sqrt{(x-1)^2} = |x+2| + |x-1|$ より, x の値によって場合分けする.
$x < -2$ のとき
$\quad |x+2|+|x-1|$
$\quad = -(x+2)-(x-1) = -2x-1$
$-2 \leqq x < 1$ のとき
$\quad |x+2|+|x-1|$
$\quad = x+2-(x-1) = 3$
$1 \leqq x$ のとき
$\quad |x+2|+|x-1|$
$\quad = x+2+x-1 = 2x+1$

1.3 (1) $f(-1) = |-3| = 3$, $f(2) = |3| = 3$

(2) 図 1.9 は, $y = |2x-1|$ のグラフの概形である (点線は $y = 2x-1$ のグラフの y の値が負となる部分).

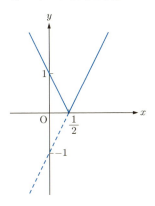

図 1.9

(3) $\frac{1}{2} > x$ のとき, $-2x+1 = x+1$ より $x = 0$ である.
$\frac{1}{2} \leqq x$ のとき, $2x-1 = x+1$ より $x = 2$ である.

よって, 交点の座標は $(0, 1)$, $(2, 3)$ である (図 1.10 は, $y = |2x-1|$ と $y = x+1$ の交点付近のグラフの様子. 点線は $y = 2x-1$ のグラフの y の値が負となる部分).

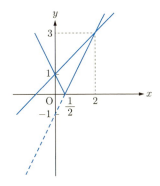

図 1.10

(4) x の値によって場合分けする.

16 第 1 章 章末問題解答

$2x - 1 < 0$ のとき, $x < \dfrac{1}{2}$ である. また,

$$|2x - 1| = -(2x - 1) > x + 1$$

$$\Leftrightarrow \ x < 0$$

これは $x < \dfrac{1}{2}$ を満たす.

$2x - 1 \geqq 0$ のとき, $x \geqq \dfrac{1}{2}$ である. また,

$$|2x - 1| = 2x - 1 > x + 1$$

$$\Leftrightarrow \ x > 2$$

これは $x \geqq \dfrac{1}{2}$ を満たす.

以上より, $x < 0,\ x > 2$ である.

【別解】 $y = |2x - 1|$ のグラフが $y = x + 1$ より上にある場合を考えればよいから, (3) より, $x < 0,\ x > 2$ がわかる.

1.4 $f(x_1) = f(x_2)$ とすると, $x_1{}^3 = x_2{}^3$ より $(x_1 - x_2)(x_1{}^2 + x_1 x_2 + x_2{}^2) = 0$ であ

る. よって, $x_1 = x_2$ または $x_1{}^2 + x_1 x_2 + x_2{}^2 = 0$ である. ここで,

$$x_1{}^2 + x_1 x_2 + x_2{}^2$$

$$= \frac{1}{2}(2x_1{}^2 + 2x_1 x_2 + 2x_2{}^2)$$

$$= \frac{1}{2}((x_1 + x_2)^2 + x_1{}^2 + x_2{}^2)$$

より, $x_1{}^2 + x_1 x_2 + x_2{}^2 = 0$ となるのは, $x_1 = x_2 = 0$ のときのみである. 以上より, 関数 f は単射である.

また, $x_1 < x_2$ のとき,

$$f(x_2) - f(x_1)$$

$$= (x_2 - x_1)(x_2{}^2 + x_2 x_1 + x_1{}^2)$$

$$= \frac{1}{2}(x_2 - x_1)((x_1 + x_2)^2 + x_1{}^2 + x_2{}^2)$$

$$> 0$$

より, $f(x_1) < f(x_2)$ となるから, 関数 f は狭義単調増加である.

第 2 章

関数とグラフの概形 (I)

関数 $y = x^2$ は，入力値 $x = 0.1$ に対して，出力値 $y = 0.01$ を応答する．一方，関数 $y = \sin x$ は，同じ入力値に対して，出力値 $y = \sin 0.1$ を応答するが，眺めているだけでは具体的な値はわからない．本章では，前者のように具体的な出力値がわかる関数として，2 次関数，多項式関数，分数関数と無理関数を取り上げ，それらの基本性質をまとめる．特に，グラフの形状やグラフの移動に着目する．

1　2 次関数

1.1　放物線

関数 $y = f(x)$ が

$$y = ax^2 + bx + c \quad (a \neq 0)$$

の形に書き表されるとき，この関数を 2 次関数という．2 次関数のグラフを放物線という．これは $y = a(x - p)^2 + q$ と変形でき，放物線は直線 $x = p$ に関して対称となる (図 2.1)．この直線を放物線の軸，軸と放物線の交点 (p, q) を放物線の頂点という．

18　第 2 章　関数とグラフの概形 (I)

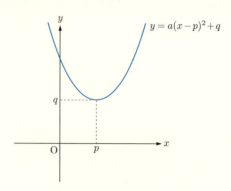

図 2.1　$a > 0$ のときの $y = a(x-p)^2 + q$ のグラフ

問 2.1　次の 2 次関数のグラフを描け．また，その軸と頂点の座標を求めよ．
(1) $y = 2x^2 - 4x$　　(2) $y = -\dfrac{1}{2}x^2 - x + \dfrac{3}{2}$

1.2　グラフの移動

関数 $y = f(x)$ のグラフを<u>平行移動</u>，あるいは<u>対称移動</u>したグラフの方程式について，以下のようにまとめられる (図 2.2)．

① x 軸方向に p だけ平行移動：$y = f(x-p)$
② y 軸方向に q だけ平行移動：$y - q = f(x) \Leftrightarrow y = f(x) + q$
③ x 軸に関して対称移動：$-y = f(x) \Leftrightarrow y = -f(x)$
④ y 軸に関して対称移動：$y = f(-x)$
⑤ 原点に関して対称移動：$-y = f(-x) \Leftrightarrow y = -f(-x)$

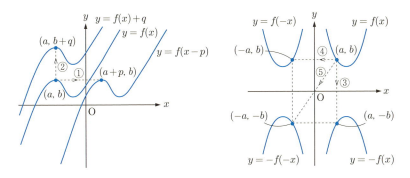

図 2.2 グラフの平行移動と対称移動

例 2.1 直線 $y = 2x + 1$ のグラフを上の五つの場合に合わせて移動したグラフの方程式は，以下のようになる (図 2.3).

① x 軸方向に 1 だけ平行移動：$y = 2(x - 1) + 1$ より，$y = 2x - 1$
② y 軸方向に 4 だけ平行移動：$y - 4 = 2x + 1$ より，$y = 2x + 5$
③ x 軸に関して対称移動：$-y = 2x + 1$ より，$y = -2x - 1$
④ y 軸に関して対称移動：$y = 2(-x) + 1$ より，$y = -2x + 1$
⑤ 原点に関して対称移動：$-y = 2(-x) + 1$ より，$y = 2x - 1$

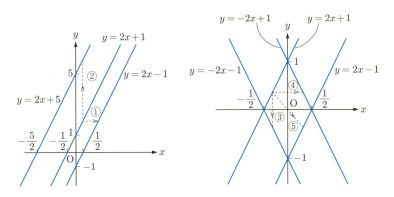

図 2.3 $y = 2x + 1$ のグラフの平行移動と対称移動

20　第 2 章　関数とグラフの概形 (I)

注 2.2　平行移動や対称移動は組み合わせることもできる. 例えば, ①と②の平行移動を連続して行うと,

$$y - 4 = 2(x - 1) + 1 \text{ より, } y = 2x + 3$$

を得る. このような平行移動や対称移動を組み合わせた操作は, より一般に, 関数の合成として捉えられる.

> **問 2.2**　2 次関数 $y = 2x^2 - 4x$ のグラフを, 次のように移動したグラフの方程式を求めよ.
> (1) x 軸方向に -3 だけ, y 軸方向に 2 だけ平行移動
> (2) x 軸に関して対称に移動
> (3) 原点に関して対称に移動

例題 2.3　グラフの平行移動と対称移動の①から⑤までの必要な手順を使って, $y = x^2$ のグラフを $y = -(x - 1)^2 + 4$ のグラフに移動せよ.

答

③　x 軸に関して対称移動：$y = -x^2$

①　x 軸方向に 1 だけ平行移動：$y = -(x - 1)^2$

②　y 軸方向に 4 だけ平行移動：$y = -(x - 1)^2 + 4$

　別の手順もあり得る. 例えば,

①　x 軸方向に 1 だけ平行移動：$y = (x - 1)^2$

③　x 軸に関して対称移動：$y = -(x - 1)^2$

②　y 軸方向に 4 だけ平行移動：$y = -(x - 1)^2 + 4$　　　**終**

1.3　放物線と 2 次不等式

まず放物線と x 軸の交わり (共有点の個数) について考える.

例 2.4　2 次関数 $y = x^2 + 4x + k$ のグラフと x 軸の共有点の個数が, 定数 k の値によってどのように変わるか調べる. 2 次関数は

$$y = (x + 2)^2 + k - 4$$

と変形できるので, 頂点は $(-2, k - 4)$ となる. 2 次関数と x 軸の共有点の

個数について，定数 k の値によって場合分けすると，図 2.4 のようになる．

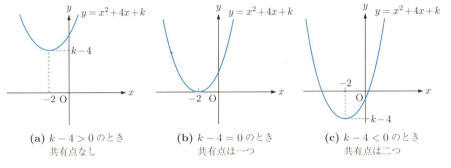

(a) $k-4>0$ のとき
共有点なし

(b) $k-4=0$ のとき
共有点は一つ

(c) $k-4<0$ のとき
共有点は二つ

図 **2.4** $y=x^2+4x+k=(x+2)^2+k-4$ のグラフ

放物線と x 軸の交わりを考えることは，2 次不等式の解法につながる．放物線と 2 次不等式の関係は以下のようにまとめられる．

判別式 $D=b^2-4ac$	$D>0$	$D=0$	$D<0$
$y=ax^2+bx+c\,(a>0)$ のグラフ			
$ax^2+bx+c>0$ の解	$x<\alpha$ または $x>\beta$	$x\neq\alpha$	すべての実数
$ax^2+bx+c\geqq 0$ の解	$x\leqq\alpha$ または $x\geqq\beta$	すべての実数	すべての実数
$ax^2+bx+c<0$ の解	$\alpha<x<\beta$	解なし	解なし
$ax^2+bx+c\leqq 0$ の解	$\alpha\leqq x\leqq\beta$	$x=\alpha$	解なし

例題 2.5 不等式 $3x^2+4x-4<0$ を解け．

答 2 次方程式 $3x^2+4x-4=0$ を解くと，$(3x-2)(x+2)=0$ より解は $x=-2,\ \dfrac{2}{3}$ となる．よって，この 2 次不等式の解は $-2<x<\dfrac{2}{3}$ となる．

終

> **問 2.3** 次の 2 次不等式を解け．
> (1) $x^2 - 8x + 15 > 0$ (2) $4x^2 \leqq 20x - 25$ (3) $2x - x^2 \geqq 4$

1.4 2 次関数の最大値と最小値

2 次関数 $y = a(x-p)^2 + q$ のグラフは，図 2.5 のようになる．

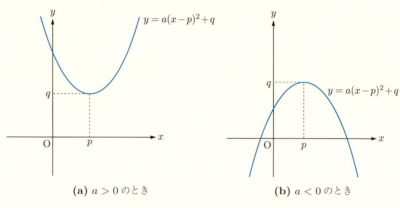

(a) $a > 0$ のとき   **(b)** $a < 0$ のとき

図 2.5 $y = a(x-p)^2 + q$ のグラフ

したがって，
  (1) $a > 0$ のとき，$x = p$ で最小値 q をとり，最大値はない
  (2) $a < 0$ のとき，$x = p$ で最大値 q をとり，最小値はない
ことがわかる．範囲が指定されている場合は，その範囲でグラフを描き，最大値，最小値を考えることができる．

> **問 2.4** 次の 2 次関数の最大値または最小値を求めよ．また，そのときの x の値も求めよ．
> (1) $y = x^2 + 2x - 3$ (2) $y = -x^2 + 6x - 4$

> **問 2.5** 次の 2 次関数の指定された範囲での最大値と最小値があればそれを求めよ．
> (1) $y = 2x^2 - 4x$ $(0 \leqq x \leqq 2)$ (2) $y = -2x^2 + 3x - 1$ $(-1 < x \leqq 1)$

例題 2.6 $x+y=1$ のとき，$k=x^2+y^2$ のとり得る値の最大値または最小値を求めよ．また，$x \geqq 0$ かつ $y \geqq 0$ という条件が加わると，それらの値はどうなるか．

答 $y=1-x$ より，

$$k = x^2 + y^2 = x^2 + (1-x)^2$$
$$= 2x^2 - 2x + 1 = 2(x^2 - x) + 1 = 2\left(x - \frac{1}{2}\right)^2 + \frac{1}{2}$$

となる．

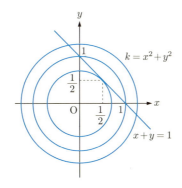

図 2.6 いくつかの k に対する $k=x^2+y^2$ と $x+y=1$ のグラフ

よって，$x=y=\dfrac{1}{2}$ のとき最小値 $\dfrac{1}{2}$ をとり，最大値はない (図 2.6)．

また，$x \geqq 0$, $y \geqq 0$ のとき $0 \leqq x \leqq 1$ なので，$x=y=\dfrac{1}{2}$ のとき最小値 $\dfrac{1}{2}$ をとり，$x=0, y=1$ または $x=1, y=0$ のとき最大値 1 をとる (図 2.7)．

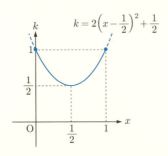

図 2.7 最大値と最小値

終

問 2.6 $x+y=1$ のとき，$k=y+x^2$ のとり得る値の最大値または最小値を求めよ．また，$x \geqq 0$ かつ $y \geqq 0$ という条件が加わると，それらの値はどうなるか．

2 多項式関数

2.1 多項式関数

自然数 n に対して，関数 $y=f(x)$ が

$$y = a_n x^n + a_{n-1} x^{n-1} + \cdots + a_1 x + a_0$$

の形に書き表されるとき，この関数を**多項式関数**という．また $a_n \neq 0$ のとき，n を $f(x)$ の**次数**といい，$f(x)$ を **n 次関数**という．特に，$n=1,2$ のとき，

$$y = a_1 x + a_0 \quad (1 次関数，直線)$$

$$y = a_2 x^2 + a_1 x + a_0 \quad (2 次関数，放物線)$$

となる．

2.2 偶関数と奇関数

原点を含む区間で定義された関数 $f(x)$ が，$f(-x)=f(x)$ を満たすとき，関数 $f(x)$ は**偶関数**であるという．また，$f(-x)=-f(x)$ を満たすとき，関

数 $f(x)$ は奇関数であるという．偶関数のグラフは y 軸に関して対称になり，奇関数のグラフは原点に関して対称になることがわかる (例 2.8)．

例 2.7 図 2.8, 図 2.9, 図 2.10 には，以下の番号 (1) から (9) に対応するグラフの概形が描かれている．

(1) 1 次関数 $y = x$ は奇関数．

(2) 2 次関数 $y = x^2$ は偶関数．

(3) 2 次関数 $y = -4x^2 + 8x$ は偶関数でも奇関数でもない．

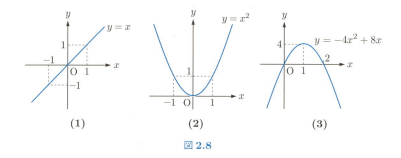

図 2.8

(4) 3 次関数 $y = -x^3 + x$ は奇関数．

(5) 3 次関数 $y = x^3 - 4x^2 + 4x$ は偶関数でも奇関数でもない．

(6) 3 次関数 $y = x^3$ は奇関数．

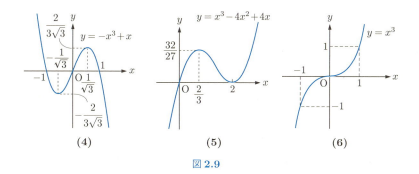

図 2.9

(7) 4次関数 $y = x^4 - x^2$ は偶関数.

(8) 4次関数 $y = x^4 - 2x^3 + 1$ は偶関数でも奇関数でもない.

(9) 4次関数 $y = -x^4 + 16$ は偶関数.

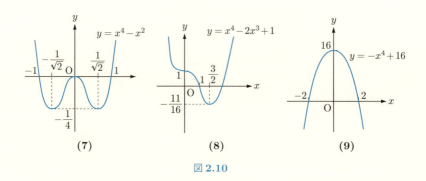

図 2.10

注 2.8 n 次関数のグラフには合わせて $n-1$ 個の山や谷が表れることが多いが, (6), (8), (9) のようにそうでない場合もある.

問 2.7 次の関数 $f(x)$ が偶関数であるか, 奇関数であるか, どちらでもないか答えよ.
(1) $f(x) = x^3 - 9x$ (2) $f(x) = x(x-1)^2(x-2)^2$ (3) $f(x) = x^6 - 3x^4 + 3x^2$

3 分数関数と無理関数

3.1 分数関数

$f(x)$ と $g(x)$ を多項式関数とし, 関数 $y = \dfrac{f(x)}{g(x)}$, すなわち, $y = \dfrac{2}{x}$ や $y = \dfrac{2x-1}{x^2+3}$ のように表される関数を, 分数関数, または有理関数という. 分数関数の定義域は, 分母を 0 にしない x の値全体の集合である. (分母が 0 となる x の値に対しては分数関数の値は定義されない.)

1 次分数関数

関数 $y = f(x)$ が

$$y = \frac{ax+b}{cx+d} \quad (ad-bc \neq 0,\ c \neq 0)$$

の形に書き表されるとき，この関数を **1 次分数関数** という．1 次分数関数のグラフの形の曲線を **双曲線** という．これは $y = \dfrac{k}{x-p} + q$ と変形でき，双曲線は点 (p, q) に関して対称となる．また，グラフは原点から遠ざかるにつれて，直線 $x = p$ または $y = q$ に限りなく近づく．このように，グラフ上の点が限りなく近づいていく直線を **漸近線** という (図 2.11)．

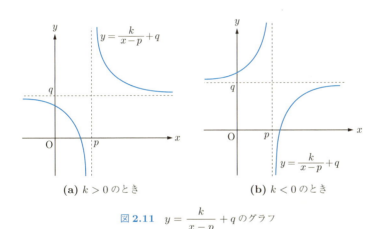

図 2.11　$y = \dfrac{k}{x-p} + q$ のグラフ

例題 2.9　1 次分数関数 $y = \dfrac{2x-1}{x-1}$ の漸近線を求め，グラフを描け．

> **答** 1次分数関数 $y = \dfrac{2x-1}{x-1}$ は
> $$y = \dfrac{2(x-1)+1}{x-1} = \dfrac{1}{x-1} + 2$$
> と変形できるので，グラフは図 2.12 のようになる．漸近線は 2 直線 $x=1$, $y=2$ である．

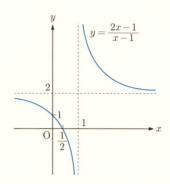

図 2.12 $y = \dfrac{1}{x-1} + 2$ のグラフ

終

> **問 2.8** 次の1次分数関数の漸近線を求め，グラフを描け．
> (1) $y = \dfrac{x+1}{x-2}$ (2) $y = \dfrac{-3x+8}{x-3}$

3.2 無理関数

関数 $y = \sqrt{x+1}$ や関数 $y = x + \sqrt{1-x^2}$ などのように根号を含み，かつ根号の中に変数を含む関数を**無理関数**という．無理関数においては，定義域と値域に特に気をつける必要がある．例えば，無理関数 $y = \sqrt{2x-4}$ の定義域は $2x-4 \geqq 0$，すなわち $x \geqq 2$ で，値域は $y \geqq 0$ である．

無理関数のグラフ

無理関数 $y = \sqrt{ax}$ $(a \neq 0)$ について考える．定義域，値域は，それぞれ

(1) $a > 0$ のとき，定義域は $x \geqq 0$，値域は $y \geqq 0$

(2) $a < 0$ のとき，定義域は $x \leqq 0$，値域は $y \geqq 0$

となる．また
$$y = \sqrt{ax} \iff y^2 = ax \quad (y \geqq 0)$$
となることから，グラフは図 2.13 の実線部分である．

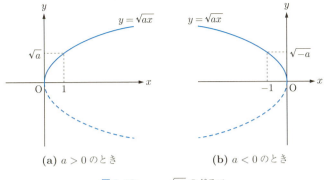

(a) $a > 0$ のとき   **(b)** $a < 0$ のとき

図 2.13 $y = \sqrt{ax}$ のグラフ

さらに無理関数 $y = \sqrt{a(x-p)} + q$ のグラフは，$y = \sqrt{ax}$ のグラフを，x 軸方向に p，y 軸方向に q だけ平行移動したものである (図 2.14)．

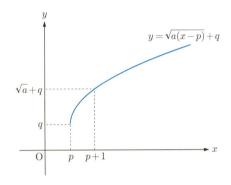

図 2.14 $y = \sqrt{a(x-p)} + q$ のグラフ

問 2.9 次の関数の定義域と値域を求め，そのグラフを描け．

(1) $y = \sqrt{x+2} - 2$ (2) $y = \sqrt{4-2x} + 2$

30 第2章 章末問題

▌第2章 章末問題

2.1 2次方程式 $ax^2 + bx + c = 0$ は，$ac < 0$ ならば正の解と負の解をもつことを，2次関数 $y = ax^2 + bx + c$ のグラフを用いて説明せよ.

2.2 x, y が，不等式 $y \geqq x^2$, $y \leqq x + 6$ を同時に満たすとき，$y - 2x$ のとり得る値の最大値と最小値を求めよ.

2.3 直線 $y = x + 2$ と分数関数 $y = \dfrac{3x + 1}{x - 1}$ について，次の各問に答えよ.
(1) これらのグラフを描き，交点を求めよ.
(2) 不等式 $x + 2 > \dfrac{3x + 1}{x - 1}$ を満たす x の範囲を求めよ.

2.4 次の各問に答えよ.
(1) 関数 $y = \sqrt{2x - 4}$ のグラフと直線 $y = x - k$ (k は定数) のグラフの共有点の個数を調べよ.
(2) 不等式 $\sqrt{2x - 4} > x - 2$ を解け.

第 2 章 問の解答

2.1 (1) $y=2(x-1)^2-2$ より,軸 $x=1$,頂点 $(1,-2)$ のグラフとなる(図 2.15).

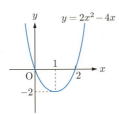

図 2.15

(2) $y=-\dfrac{1}{2}(x+1)^2+2$ より,軸 $x=-1$,頂点 $(-1,2)$ のグラフとなる(図 2.16).

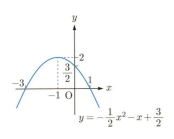

図 2.16

2.2 (1) $y-2=2(x+3)^2-4(x+3)$ より,$y=2x^2+8x+8$ である(図 2.17).

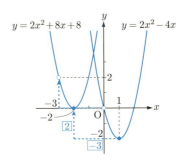

図 2.17

(2) $-y=2x^2-4x$ より,$y=-2x^2+4x$ である(図 2.18).

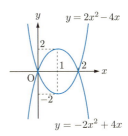

図 2.18

(3) $-y=2(-x)^2-4(-x)$ より,$y=-2x^2-4x$ である(図 2.19).

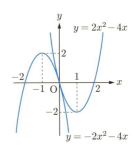

図 2.19

2.3

(1) $x^2 - 8x + 15 = (x-3)(x-5) > 0$ より，$x < 3$ または $x > 5$ である．

(2) $4x^2 \leqq 20x - 25 \Leftrightarrow 4x^2 - 20x + 25 = (2x-5)^2 \leqq 0$ より，$x = \dfrac{5}{2}$ である．

(3) $2x - x^2 \geqq 4 \Leftrightarrow x^2 - 2x + 4 = (x-1)^2 + 3 \leqq 0$ より，解なし．

2.4

(1) $y = (x+1)^2 - 4$ より，グラフは図 2.20 のようになる．よって $x = -1$ のとき最小値 -4 をとり，最大値はない．

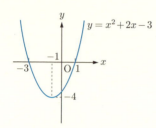

図 2.20

(2) $y = -(x-3)^2 + 5$ より，グラフは図 2.21 のようになる．よって $x = 3$ のとき最大値 5 をとり，最小値はない．

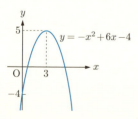

図 2.21

2.5

(1) $y = 2(x-1)^2 - 2$ より，グラフは図 2.22 のようになる．よって $x = 1$ のとき最小値 -2 をとり，$x = 0$ または $x = 2$ のとき最大値 0 をとる．

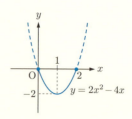

図 2.22

(2) $y = -2\left(x - \dfrac{3}{4}\right)^2 + \dfrac{1}{8}$ より，グラフは図 2.23 のようになる．（グラフは本来，軸 $x = \dfrac{3}{4}$ について対称だが，スペースの関係上，図は歪めている．）よって $x = \dfrac{3}{4}$ のとき最大値 $\dfrac{1}{8}$ をとり，最小値はない．

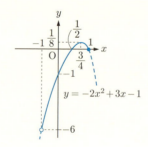

図 2.23

2.6

$y = 1 - x$ より，
$$k = y + x^2$$
$$= x^2 - x + 1$$
$$= \left(x - \dfrac{1}{2}\right)^2 + \dfrac{3}{4}$$

となる．

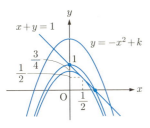

図 2.24

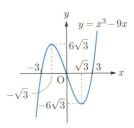

図 2.26

よって，$x = y = \dfrac{1}{2}$ のとき最小値 $\dfrac{3}{4}$ をとり，最大値はない．図 2.24 は，いくつかの k に対する $k = y + x^2$ と $x + y = 1$ のグラフである．

また，$x \geqq 0$, $y \geqq 0$ のとき $0 \leqq x \leqq 1$ なので，図 2.25 より，$x = y = \dfrac{1}{2}$ のとき最小値 $\dfrac{3}{4}$ をとり，$x = 0$, $y = 1$ または $x = 1$, $y = 0$ のとき最大値 1 をとる．

(2) $f(-x) = -x(x+1)^2(x+2)^2$ となり，$f(x) \neq f(-x)$, $f(x) \neq -f(-x)$ より，$f(x)$ は偶関数でも奇関数でもない（図 2.27）．

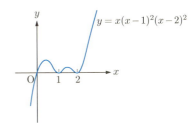

図 2.27

(3) $f(-x)$
  $= (-x)^6 - 3(-x)^4 + 3(-x)^2$
  $= x^6 - 3x^4 + 3x^2 = f(x)$

より，$f(x)$ は偶関数となる（図 2.28）．

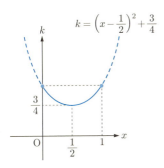

図 2.25

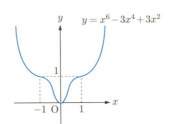

図 2.28

2.7

(1) $f(-x)$
  $= (-x)^3 - 9(-x)$
  $= -x^3 + 9x = -f(x)$

より，$f(x)$ は奇関数となる（図 2.26）．

2.8

(1) 1次分数関数 $y = \dfrac{x+1}{x-2}$ は

$$y = \dfrac{(x-2)+3}{x-2} = \dfrac{3}{x-2} + 1$$

と変形できるので，グラフは図 2.29 のようになる．漸近線は 2 直線 $x=2$, $y=1$ である．

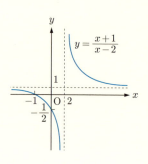

図 **2.29**

(2) 1次分数関数 $y = \dfrac{-3x+8}{x-3}$ は

$$y = \dfrac{-3(x-3)-1}{x-3} = -\dfrac{1}{x-3} - 3$$

と変形できるので，グラフは図 2.30 のようになる．漸近線は 2 直線 $x=3$, $y=-3$ である．

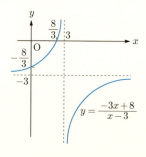

図 **2.30**

2.9

(1) グラフは図 2.31 のようになり，定義域は $x \geqq -2$ で，値域は $y \geqq -2$ である．

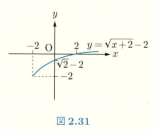

図 **2.31**

(2) $y = \sqrt{-2(x-2)} + 2$ より，グラフは図 2.32 のようになり，定義域は $x \leqq 2$ で，値域は $y \geqq 2$ である．

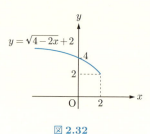

図 **2.32**

第 2 章　章末問題解答

2.1　関数 $y = ax^2 + bx + c$ のグラフは，y 軸と点 $(0, c)$ で交わる．また，$ac < 0$ より，a, c は異符号で，

  (I) $a > 0$, $c < 0$
  (II) $a < 0$, $c > 0$

に分けられる．これより，関数 $y = ax^2 + bx + c$ のグラフは図 2.33 のように表される．

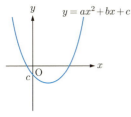

(I) $a > 0,\ c < 0$ のとき

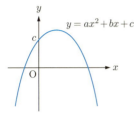

(II) $a < 0,\ c > 0$ のとき

図 2.33

いずれも，グラフは x 軸と異なる 2 点で交わり，この交点の x 座標が $ax^2 + bx + c = 0$ の解である．しかも，原点の両側で交わるので，正の解と負の解となる．

2.2 条件を満たす (x, y) は 2 つの関数 $y = x^2$，$y = x + 6$ の囲む部分にある（図 2.34）．

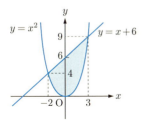

図 2.34

ここで $y - 2x = k$ とおくと，これは $y = 2x + k$ と変形でき，傾きが 2 で，y 切片が k の直線を表す．この直線と 2 つの関数 $y = x^2$，$y = x + 6$ の囲む部分が交わる場合を考えればよい．

図 2.35 より y 切片 k が最大になるのは点 $(-2, 4)$ を通るときであり，このとき $k = 8$ である．また，y 切片 k が最小になるのは，$y = x^2$ と接するときであり，$x^2 - 2x - k = 0$ の重解条件から $k = -1$（このとき接点は $(1, 1)$）となる．

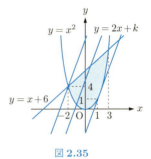

図 2.35

以上により，$x = -2,\ y = 4$ のとき最大値 8 で，$x = 1,\ y = 1$ のとき最小値 -1 となる．

2.3 (1) 交点は，$x + 2 = \dfrac{3x + 1}{x - 1}$ を解くことで求められる．

$$x + 2 = \frac{3x + 1}{x - 1}$$
$$\Leftrightarrow (x + 2)(x - 1) = 3x + 1$$
$$(x - 1 \neq 0)$$
$$\Leftrightarrow x^2 - 2x - 3 = 0 \quad (x \neq 1)$$
$$\Leftrightarrow (x + 1)(x - 3) = 0 \quad (x \neq 1)$$
$$\Leftrightarrow x = -1,\ 3$$

これより，交点は $(-1, 1)$，$(3, 5)$ である．また，

$$y = \frac{3x + 1}{x - 1} = \frac{4}{x - 1} + 3$$

であるので，グラフは図 2.36 のようになる（グラフの特徴を強調するために縦横の縮尺

は歪めてある).

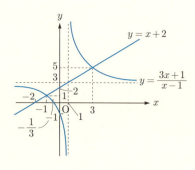

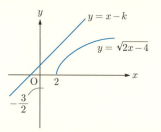

(a) $k < \dfrac{3}{2}$ のとき
共有点なし

図 2.36

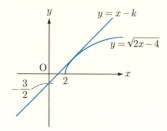

(b) $k = \dfrac{3}{2}$ のとき
共有点は一つ

(2) グラフから，直線が上にある範囲を読み取ればよい．よって不等式の解は $-1 < x < 1,\ x > 3$ となる．

2.4 (1) まず，無理関数 $y = \sqrt{2x-4}$ と直線 $y = x - k$ が接する場合について考える．方程式 $\sqrt{2x-4} = x - k$ から

$$x^2 - 2(k+1)x + k^2 + 4 = 0$$

(ただし，$x - k \geqq 0$)

を得るが，判別式を考えると

$$\frac{(判別式)}{4} = (k+1)^2 - (k^2+4)$$

$$= 2k - 3 = 0$$

$$\Leftrightarrow k = \frac{3}{2}$$

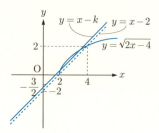

(c) $\dfrac{3}{2} < k \leqq 2$ のとき
共有点は二つ

となる．また直線 $y = x - k$ が点 $(2, 0)$ を通るのは $k = 2$ となる．ここで定数 k の値によって場合分けすると，図 2.37 のようになる．

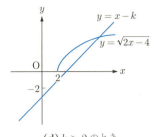

(d) $k>2$ のとき
共有点は一つ

図 2.37

整理すると，共有点の個数は

$$\begin{cases} \text{(a)}\ k<\dfrac{3}{2}\ \text{のとき}\ 0\ \text{個} \\ \text{(b)}\ k=\dfrac{3}{2}\ \text{のとき}\ 1\ \text{個} \\ \text{(c)}\ \dfrac{3}{2}<k\leqq 2\ \text{のとき}\ 2\ \text{個} \\ \text{(d)}\ k>2\ \text{のとき}\ 1\ \text{個} \end{cases}$$

となる．

(2) 無理関数 $y=\sqrt{2x-4}$ と直線 $y=x-2$ の交点を考えると

$$x^2-6x+8=(x-2)(x-4)=0$$
$$(\text{ただし},\ x-2\geqq 0)$$

より，交点の x 座標は $x=2,4$ である．無理関数と直線のグラフは図 2.38 のようになり，直線が下になる範囲を求めればよい．よって，不等式の解は $2<x<4$ となる．

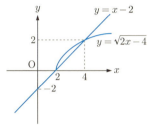

図 2.38

第3章

関数とグラフの概形 (II)

　直角三角形の辺の比である三角比をもとに，一般角に対する関数として三角関数は定義される．三角関数は自然現象の中に広く現れるが，数学それ自身をも発展させた．本章では，三角関数，および三角関数と同様に重要な関数である指数関数と対数関数について取り上げ，それらを活用するために必要となる基本事項を確認する．三角比，弧度法，一般角，指数，対数，e の定義といった基礎的な必要事項については付録にまとめた．

1　三角関数

1.1　三角関数の定義

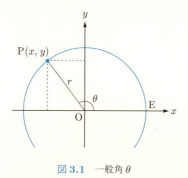

図 3.1　一般角 θ

　図 3.1 のように，半径 r の円において動径 OP が表す一般角を θ とする．

このとき，実数 θ の関数である $\sin\theta$, $\cos\theta$, $\tan\theta$ を，

$$\sin\theta = \frac{y}{r}, \quad \cos\theta = \frac{x}{r}, \quad \tan\theta = \frac{y}{x} \qquad \cdots\cdots \quad (*)$$

と定める．ただし，x が 0 となる $\theta = \dfrac{\pi}{2} + n\pi$ (n は整数) では，$\tan\theta$ は定義されない．$\sin\theta$ を正弦関数，$\cos\theta$ を余弦関数，$\tan\theta$ を正接関数という．これら (およびその逆数) をまとめて三角関数という．

単位円

半径が異なっていても $(*)$ のそれぞれは同じ比の値を与えることは相似性からわかる．$r = 1$ である円 (単位円) を用いると考察を簡単に進められることが多い．このとき，上の定義 $(*)$ は

$$\sin\theta = y, \quad \cos\theta = x, \quad \tan\theta = \frac{y}{x}$$

となる．すなわち，$(\cos\theta, \sin\theta)$ は単位円上の点の座標であり，$\tan\theta$ は，原点と $(\cos\theta, \sin\theta)$ を結ぶ直線の傾きである．これより $\tan\theta$ は，原点と $(\cos\theta, \sin\theta)$ を結ぶ直線と $x = 1$ という直線との交点の y 座標として読み取ることができる．(付録 A も参照．)

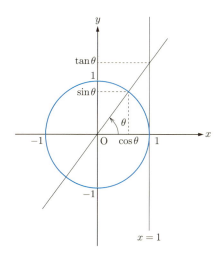

図 3.2 単位円と三角関数．$0 < \theta < \dfrac{\pi}{2}$ のときの図

三角関数は，このように円を用いて定義される関数である．「正弦」という用語の中の「弦」も，$\sin\theta$ が円の弦の長さ (の半分) を表してることに由来する．例えばよく使う

$$\sin(-\theta) = -\sin\theta, \quad \cos(-\theta) = \cos\theta, \quad \tan(-\theta) = -\tan\theta$$

といった等式は，図 3.3 (a)(b) のように単位円に書き込むことで直ちにわかる．

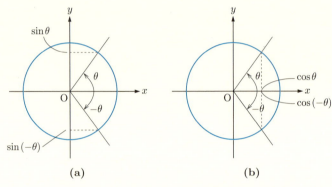

図 3.3 単位円から読み取る．$0 < \theta < \dfrac{\pi}{2}$ のときの図

問 3.1 図 3.2 に，

$$\sec\theta \left(= \frac{1}{\cos\theta}\right), \quad \csc\theta \left(= \frac{1}{\sin\theta}\right), \quad \cot\theta \left(= \frac{1}{\tan\theta}\right)$$

をそれぞれ書き込め．左から順に，正割，余割，余接とよぶ．

問 3.2 図 3.3 と同様な図を描き，$\tan(-\theta) = -\tan\theta$ を確認せよ．

問 3.3 次の値を求めよ．

(1) $\sin\dfrac{7}{3}\pi$ (2) $\cos\left(-\dfrac{9}{4}\pi\right)$ (3) $\tan\left(-\dfrac{31}{6}\pi\right)$

問 3.4 $0 \leqq \theta < 2\pi$ の範囲で，次の方程式を満たす θ を求めよ．

(1) $\cos\theta = \dfrac{\sqrt{3}}{2}$ (2) $\sin\theta = -\dfrac{\sqrt{3}}{2}$ (3) $\tan\theta = \sqrt{3}$

1.2　三角関数の性質

性質 I　三角関数のとり得る値の範囲

$$-1 \leqq \sin\theta \leqq 1, \quad -1 \leqq \cos\theta \leqq 1, \quad -\infty < \tan\theta < \infty$$

性質 II　一般角 θ に対して，次の式が成り立つ．

$$\tan\theta = \frac{\sin\theta}{\cos\theta}, \quad \sin^2\theta + \cos^2\theta = 1, \quad 1 + \tan^2\theta = \frac{1}{\cos^2\theta}$$

性質 III

① 関数の偶奇性

$$\sin(-\theta) = -\sin\theta, \quad \cos(-\theta) = \cos\theta, \quad \tan(-\theta) = -\tan\theta$$

② θ が $\dfrac{\pi}{2}$ 増加したときの変化

$$\sin\left(\theta + \frac{\pi}{2}\right) = \cos\theta, \quad \cos\left(\theta + \frac{\pi}{2}\right) = -\sin\theta$$

$$\tan\left(\theta + \frac{\pi}{2}\right) = -\frac{1}{\tan\theta}$$

③ θ が π 増加したときの変化

$$\sin(\theta + \pi) = -\sin\theta, \quad \cos(\theta + \pi) = -\cos\theta, \quad \tan(\theta + \pi) = \tan\theta$$

④ 関数の周期性 (n は整数)

$$\sin(\theta + 2n\pi) = \sin\theta, \quad \cos(\theta + 2n\pi) = \cos\theta, \quad \tan(\theta + n\pi) = \tan\theta$$

性質 I の解説

最初の二つの不等式は $(\cos\theta, \sin\theta)$ が単位円上の点であることからわかり，また，$\tan\theta$ の不等式は $\tan\theta$ の値が図 3.2 の直線 $x = 1$ と $y = x$ の交点の y 座標であることからわかる．

性質 II の解説

第一式 $\tan\theta = \dfrac{\sin\theta}{\cos\theta}$ は，$\tan\theta = \dfrac{y}{x}$ という定義式に $x = \cos\theta$, $y = \sin\theta$ を代入したものである．

第二式 $\sin^2\theta + \cos^2\theta = 1$ は，$(\cos\theta, \sin\theta)$ が単位円上の点であることを

表している ($\cos^2\theta + \sin^2\theta = 1$ と書いてもよい).

第二式に $\tan\theta = \dfrac{\sin\theta}{\cos\theta}$ から得られる $\sin\theta = \cos\theta\tan\theta$ を代入して $\sin\theta$ を消去したものが，第三式である．

注 第三式の左辺を自然に導出される $\tan^2\theta + 1$ と書かずに $1 + \tan^2\theta$ と書き直す論理的根拠はないが，こう書けば $\tan^2(\theta+1)$ と混同し得ないことは利点であろう．

性質 III の解説

① $\sin(-\theta)$ と $\cos(-\theta)$ について，図 3.3 は $0 < \theta < \dfrac{\pi}{2}$ のときの図であるが，それ以外の θ に対してもそれぞれの角に対応する動径を単位円に書き込むことで読み取ることができる．

$\tan(-\theta)$ は性質 II の第一式を使えばよい．

② $\sin\left(\theta + \dfrac{\pi}{2}\right)$ と $\cos\left(\theta + \dfrac{\pi}{2}\right)$ について，図 3.4 (a) は $0 < \theta < \dfrac{\pi}{2}$ のときの図であるが，それ以外の θ に対してもそれぞれの角に対応する動径を単位円に書き込むことで読み取ることができる．（図 3.5 も参照．）

$\tan\left(\theta + \dfrac{\pi}{2}\right)$ は性質 II の第一式を使えばよい．

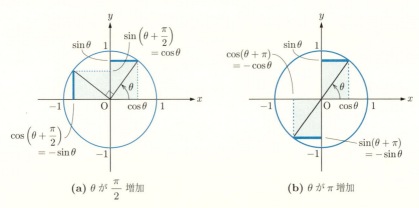

(a) θ が $\dfrac{\pi}{2}$ 増加　　**(b)** θ が π 増加

図 3.4　$0 < \theta < \dfrac{\pi}{2}$ のときの図

③ $\sin(\theta + \pi)$ と $\cos(\theta + \pi)$ について，図 3.4 (b) は $0 < \theta < \dfrac{\pi}{2}$ ときの

図であるが，それ以外の θ に対してもそれぞれの角に対応する動径を単位円に書き込むことで読み取ることができる．

$\tan(\theta + \pi)$ は性質 II の第一式を使えばよい．

注 ②の第一式と第二式を用いて，次のように変形してもよい．

$$\sin(\theta + \pi) = \sin\left(\left(\theta + \frac{\pi}{2}\right) + \frac{\pi}{2}\right) = \cos\left(\theta + \frac{\pi}{2}\right) = -\sin\theta$$

$\cos(\theta + \pi)$ についても同様である．

④ $\sin(\theta \pm 2\pi)$ と $\cos(\theta \pm 2\pi)$ は，それぞれ，例えば図 3.2 において，角度 θ に対応する動径を反時計回りに 1 周 $(+2\pi)$ しても，時計回りに 1 周 (-2π) しても，同じ位置に戻ってくるのだから，値は変わらず $\sin\theta$ と $\cos\theta$ である．したがってどちら周りに n 周しても同じである．

$\tan(\theta + n\pi) = \tan\theta$ についても，図 3.2 を使って考えればよいが，$n = 2, 3, 4, \cdots$ のときは③の第三式を繰り返し用いても導出できる．例えば，

$$\tan(\theta + 3\pi) = \tan((\theta + 2\pi) + \pi) = \tan(\theta + 2\pi)$$

$$= \tan((\theta + \pi) + \pi) = \tan(\theta + \pi) = \tan\theta$$

のように．n が負のときは，③の第三式において $\theta + \pi = \alpha$ とおくと，

$$\tan\alpha = \tan(\alpha - \pi) = \tan(\alpha + (-1)\pi)$$

であるから，$n = -1$ のときに $\tan(\theta + n\pi) = \tan\theta$ が成り立つことがわかり，ここから芋づる式に $n = -2, -3, \cdots$ の場合が導出される．

関数の偶奇性と周期性

性質 III ①における関数の偶奇性とは，関数が偶関数か奇関数であることをいう (第 2 章 2.2 節を参照)．

性質 III ④における関数の周期性とは，関数が以下で定義される周期関数であることをいう．関数 $f(x)$ に対し，ある正の数 p があって，どのような x に対しても $f(x + p) = f(x)$ が成立するとき，$f(x)$ を周期関数，p を周期という．これは視覚的に言うと，$y = f(x)$ のグラフを x 軸の正の方向に p だけ平行移動したとき，もとのグラフと重なるということである．最小の周期

を**基本周期**といい，以後，これを単に周期とよぶ．

問 3.5 次の各値を求めよ．
(1) θ の動径が第 3 象限にあり，$\sin\theta = -\dfrac{1}{3}$ のときの，$\cos\theta$ と $\tan\theta$ の値．
(2) θ の動径が第 3 象限にあり，$\tan\theta = 3$ のときの，$\sin\theta$ と $\cos\theta$ の値．
(3) $\sin\theta - \cos\theta = \dfrac{1}{3}$ のときの，$\sin\theta\cos\theta$，および $\sin^3\theta - \cos^3\theta$ の値．

問 3.6 性質 III を用いて，次の値を求めよ．
(1) $\cos\dfrac{15}{2}\pi$ (2) $\sin\left(-\dfrac{14}{3}\pi\right)$ (3) $\tan\left(-\dfrac{13}{6}\pi\right)$

正弦曲線と正接曲線

正弦関数，余弦関数のグラフが表す図形を**正弦曲線** (サインカーブ，図 3.5)，正接関数のグラフが表す図形を**正接曲線** (図 3.6) という．

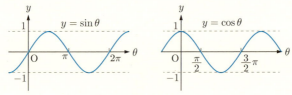

図 3.5　正弦曲線 (サインカーブ)

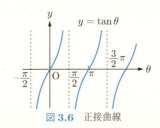

図 3.6　正接曲線

性質 IV

① $y = \sin\theta$ のグラフは，周期 2π で，原点に関して対称である．すなわち正弦関数 ($\sin\theta$) は奇関数．

② $y = \cos\theta$ のグラフは，周期 2π で，y 軸に関して対称である．すなわち余弦関数 $(\cos\theta)$ は偶関数．

③ $y = \cos\theta$ のグラフを θ 軸方向に $\dfrac{\pi}{2}$ だけ平行移動すると，$y = \sin\theta$ のグラフに重なる．すなわち $\cos\left(\theta - \dfrac{\pi}{2}\right) = \sin\theta$ である．

④ $y = \tan\theta$ のグラフは，周期 π で，原点に関して対称である．すなわち正接関数 $(\tan\theta)$ は奇関数．また，$\theta = \pm\dfrac{\pi}{2},\ \pm\dfrac{3}{2}\pi,\cdots$ を漸近線にもつ．

性質 IV のチェック

これらの性質を図 3.5 や図 3.6 のグラフから読み取ってみよ．

問 **3.7**　次の関数のグラフは，$y = \sin\theta$ のグラフとどのような関係にあるか，説明せよ．また，それぞれのグラフを描け．

$$(1)\ y = \sin 2\theta \qquad (2)\ y = 2\sin\theta \qquad (3)\ y = -\sin\left(\theta + \dfrac{\pi}{4}\right)$$

問 **3.8**　次の関数の周期を示せ．また，そのグラフを描け．

$$(1)\ y = \cos\left(\theta - \dfrac{\pi}{6}\right) \quad (2)\ y = 3\cos\left(2\theta - \dfrac{\pi}{3}\right) \quad (3)\ y = -2\tan\left(2\theta + \dfrac{\pi}{3}\right)$$

三角関数についての方程式と不等式

問 **3.9**　$0 \leqq \theta < 2\pi$ のとき，次の方程式を満たす θ の値を求めよ．

$$(1)\ \sqrt{2}\cos\theta - 1 = 0 \quad (3)\ 2\sin\left(\theta + \dfrac{\pi}{3}\right) = 1 \quad (4)\ \sqrt{3}\tan\left(\theta + \dfrac{\pi}{9}\right) = 1$$

問 **3.10**　$0 \leqq \theta < 2\pi$ のとき，次の不等式を満たす θ の値の範囲を求めよ．

$$(1)\ \cos\theta \leqq \dfrac{1}{\sqrt{2}} \qquad (2)\ \tan\theta > 1 \qquad (3)\ 2\sin\theta \leqq \sqrt{3}$$

46   第3章　関数とグラフの概形 (II)

1.3　加法定理と加法定理から導かれる基本的な公式

加法定理

① $\sin(\alpha + \beta) = \sin\alpha\cos\beta + \cos\alpha\sin\beta$

② $\cos(\alpha + \beta) = \cos\alpha\cos\beta - \sin\alpha\sin\beta$

③ $\sin(\alpha - \beta) = \sin\alpha\cos\beta - \cos\alpha\sin\beta$

④ $\cos(\alpha - \beta) = \cos\alpha\cos\beta + \sin\alpha\sin\beta$

⑤ $\tan(\alpha + \beta) = \dfrac{\tan\alpha + \tan\beta}{1 - \tan\alpha\tan\beta}$

⑥ $\tan(\alpha - \beta) = \dfrac{\tan\alpha - \tan\beta}{1 + \tan\alpha\tan\beta}$

加法定理の解説

公式が多くてくじけてしまいそうだが，一つがわかるとあとは芋づる式に導かれる．例えば導出の手順として，

$$④ \to ② \to ① \to ③ \to ⑤⑥$$

はわかりやすいだろう．導出の手順はこれだけではない．また，加法定理として列記した順番通りに導出することも可能であるが，それが必ずしも「楽な」導出順とは限らない．

① $\sim$ ④ $\to$ ⑤⑥　⑤と⑥の $\tan(\alpha \pm \beta)$ の式は，$\sin(\alpha \pm \beta)$，$\cos(\alpha \pm \beta)$ の式①〜④から性質 II の第一式を使って導くことができる．

以下，④がわかっていたとして，④ $\to$ ② $\to$ ① $\to$ ③ と芋づる式に計算する．最後に④を示す．

④ $\to$ ②　④の左辺の β を $-\beta$ に置き換えて②が直ちにわかる．

② $\to$ ①　性質 III ②の第二式の両辺にマイナスをかけた式

$$\sin(\alpha + \beta) = -\cos\left(\alpha + \left(\beta + \frac{\pi}{2}\right)\right)$$

に，②の左辺の β を $\beta + \dfrac{\pi}{2}$ に置き換えた公式を適用し，再び，性質 III ②

の第一式と第二式を用いて $\sin(\alpha+\beta)$ の加法定理①を得る.

① → ③　①の左辺の β を $-\beta$ に置き換えれば③を得る.

④　図 3.7 のように，単位円周上に点 $\mathrm{P}(\cos\alpha, \sin\alpha)$ と点 $\mathrm{Q}(\cos\beta, \sin\beta)$ をとる．三角形 OPQ に対する余弦定理と PQ の距離の 2 乗から④を得る．

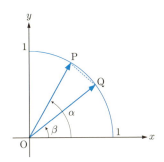

図 3.7　ベクトル $\overrightarrow{\mathrm{OP}}$ と $\overrightarrow{\mathrm{OQ}}$, あるいは三角形 OPQ

④の証明の詳説

ベクトルやその内積 (第 6 章) を知っているならば，$\boldsymbol{v}_1 = \overrightarrow{\mathrm{OP}}$, $\boldsymbol{v}_2 = \overrightarrow{\mathrm{OQ}}$ としたとき，それらのなす角は $\alpha-\beta$ であるから，④は $\boldsymbol{v}_1$ と $\boldsymbol{v}_2$ の内積 (6.4) に他ならない．すなわち，

$$\begin{pmatrix}\cos\alpha\\ \sin\alpha\end{pmatrix} \cdot \begin{pmatrix}\cos\beta\\ \sin\beta\end{pmatrix} = \cos(\alpha-\beta)$$

しかし内積 (6.4) はもともと余弦定理 (6.1) に内積の定義 (6.3) を適用して得られたものである．したがって，④のもとをたどると，図 3.7 の三角形 OPQ に余弦定理を適用した

$$\mathrm{PQ}^2 = \mathrm{OP}^2 + \mathrm{OQ}^2 - 2\mathrm{OP}\cdot\mathrm{OQ}\cos\angle\mathrm{POQ} = 2 - 2\cos(\alpha-\beta)$$

と，PQ の距離の 2 乗

$$\mathrm{PQ}^2 = (\cos\alpha-\cos\beta)^2 + (\sin\alpha-\sin\beta)^2 = 2 - 2(\cos\alpha\cos\beta + \sin\alpha\sin\beta)$$

から得られる式といえる．

48   第3章　関数とグラフの概形 (II)

以下に登場する三角関数の公式はすべて加法定理から導かれるものである．また，加法定理の奥行や広がりについては，第6章2.6節や3.2節とその節のコラム7を参照されたい．

問 3.11　次の各問に答えよ．

(1) α, β がともに鋭角で，$\sin\alpha = \dfrac{1}{7}$, $\sin\beta = \dfrac{11}{14}$ のとき，$\cos(\alpha+\beta)$ の値を求めよ．

(2) α, β の動径がいずれも第4象限にあり，$\sin\alpha = -\dfrac{3}{5}$, $\cos\beta = \dfrac{4}{5}$ のとき，$\sin(\alpha-\beta)$, $\cos(\alpha+\beta)$ の値を求めよ．

問 3.12　次の値を求めよ．

(1) $\tan\dfrac{\pi}{12}$　　（ヒント：$\dfrac{\pi}{12} = \dfrac{\pi}{3} - \dfrac{\pi}{4}$）

(2) $\tan\dfrac{5}{12}\pi$　　(3) $\tan\dfrac{7}{12}\pi$

問 3.13　α, β がともに鋭角で，$\tan\alpha = \dfrac{1}{2}$, $\tan\beta = \dfrac{1}{3}$ のとき，次の値を求めよ．

(1) $\tan(\alpha+\beta)$　　(2) $\alpha+\beta$

加法定理①②⑤の $\beta = \alpha$ という特別な場合と，性質IIの第二式から，次の公式が導かれる．

2倍角の公式

$$\sin 2\alpha = 2\sin\alpha\cos\alpha$$

$$\cos 2\alpha = \cos^2\alpha - \sin^2\alpha = 2\cos^2\alpha - 1 = 1 - 2\sin^2\alpha$$

$$\tan 2\alpha = \frac{2\tan\alpha}{1 - \tan^2\alpha}$$

コラム 2 (加法定理の効用：昔の人が考えたこと)　三角関数に関連して，このように公式が次から次へと現れることに辟易しないだろうか．しかし，例えば単に覚える公式の一つとしか見えない2倍角の公式第

二式の $\cos 2\alpha = 2\cos^2\alpha - 1$ も,

$$\cos^2\alpha = \frac{1 + \cos 2\alpha}{2}$$

と変形することで,何かの 2 乗という計算が,足し算と簡単な割り算に帰着されていることが見てとれる.古来,このような三角関数の性質は計算に活用されてきた.例えば,$0 < D < 1$ を満たす小数点以下数桁に及ぶ値 D があったとしよう.このとき,D^2 を計算することは,小数点以下の桁数を長く考えれば考えるほど困難になる.しかし,三角関数表 (一定の間隔で与えられる一連の角度に対して,その三角関数の (近似) 値を小数で書き並べた表) を用いて $D = \cos\alpha$ を満たす α の近似値が見つけられれば,その α の 2 倍を求めることは容易であり,再び三角関数表を用いて $\cos 2\alpha$ の値を見出せば,D^2 の (近似) 値は容易に求められる.このように,2 倍角の公式と三角関数表を用いて,三角関数とは全く関係ない D^2 という計算を容易なものにすることができる.このような目的から,かつて精度の高い三角関数表を整備する努力がなされていた.さらにこの性質に対する考察を深めたことで,ネイピアは対数という概念を発見するに至ったとのことである.詳しくは,フロリアン・カジョリ (著),小倉金之助 (訳)『初等数学史 (上・下)』ちくま学芸文庫 (2015),あるいは『復刻版 カジョリ 初等数学史』共立出版 (1997) や,山本義隆『小数と対数の発見』日本評論社 (2018) などを参照してほしい.このような計算方法は現代ではあまり顧みられないかもしれないが,考え方は古びるものではない.

2 倍角の公式から次の半角の公式が導かれる.

半角の公式

$$\sin^2\frac{\alpha}{2} = \frac{1 - \cos\alpha}{2}, \qquad \cos^2\frac{\alpha}{2} = \frac{1 + \cos\alpha}{2}$$

$$\tan^2\frac{\alpha}{2} = \frac{1 - \cos\alpha}{1 + \cos\alpha}$$

50　第 3 章　関数とグラフの概形 (II)

実際，$\cos\alpha$ の 2 倍角の公式において，α を改めて $\dfrac{\alpha}{2}$ とおくことで，最初の二つの式が得られる．最後の $\tan^2\dfrac{\alpha}{2}$ の式は，$\sin\dfrac{\alpha}{2}$ と $\cos\dfrac{\alpha}{2}$ の式から性質 II の第一式を使って導くことができる．

注 3.1　半角の公式というからには，例えば $\sin\dfrac{\alpha}{2}=\cdots$ という公式であって欲しいが，残念ながら $\dfrac{\alpha}{2}$ がどの象限の角なのかわからない限り，$\sin\dfrac{\alpha}{2}$ が，$\sqrt{\dfrac{1-\cos\alpha}{2}}$ あるいは $-\sqrt{\dfrac{1-\cos\alpha}{2}}$ のどちらなのか定まらない．よって，上のように表すことになる．

問 3.14　$0\leqq\alpha<\dfrac{\pi}{2}$ で，$\sin\alpha=\dfrac{4}{5}$ のとき，次の値を求めよ．

　　　　(1) $\sin 2\alpha$　　(2) $\cos 2\alpha$　　(3) $\tan 2\alpha$

問 3.15　半角の公式を用いて，次の値を求めよ．

　　　　(1) $\sin\dfrac{\pi}{8}$　　(2) $\cos\dfrac{7}{2}\pi$　　(3) $\tan\left(-\dfrac{11}{6}\pi\right)$

問 3.16　$\dfrac{\pi}{2}<\alpha<\pi$ で，$\cos\alpha=-\dfrac{3}{5}$ のとき，次の値を求めよ．

　　　　(1) $\sin 2\alpha$　　(2) $\tan 2\alpha$　　(3) $\cos\dfrac{\alpha}{2}$

問 3.17　$\tan\alpha=2$，$\tan\beta=3$ のとき，$\tan(\alpha+\beta)$ の値および $\alpha+\beta$ を求めよ．ただし，$0<\alpha+\beta<\pi$ とする．

問 3.18　$0\leqq\theta<2\pi$ のとき，次の方程式を満たす θ の値を求めよ．

　　　　(1) $\sin 2\theta-\sin\theta=0$　　(2) $\cos 2\theta+\cos\theta+1=0$

問 3.19　$0\leqq\theta<2\pi$ のとき，$y=\cos 2\theta+2\cos\theta-1$ の最大値と最小値を求めよ．

三角関数の積を和・差に直す公式

① $\sin\alpha\cos\beta=\dfrac{1}{2}\{\sin(\alpha+\beta)+\sin(\alpha-\beta)\}$

② $\cos\alpha\sin\beta=\dfrac{1}{2}\{\sin(\alpha+\beta)-\sin(\alpha-\beta)\}$

$$③ \cos\alpha \cos\beta = \frac{1}{2}\{\cos(\alpha+\beta)+\cos(\alpha-\beta)\}$$

$$④ \sin\alpha \sin\beta = -\frac{1}{2}\{\cos(\alpha+\beta)-\cos(\alpha-\beta)\}$$

三角関数の積を和・差に直す公式の導き方

左辺を加法定理の中から探す．例えば①の $\sin\alpha \cos\beta$ は

$$\sin(\alpha+\beta) = \sin\alpha \cos\beta + \cos\alpha \sin\beta$$

$$\sin(\alpha-\beta) = \sin\alpha \cos\beta - \cos\alpha \sin\beta$$

の中にある．これらの両辺をそれぞれ足して 2 で割ればよい．③や④についても同様である．②は①の α と β を取り替えたものであるから，実質同じである．

積を和にする意義と有難味

これらの公式と 2 倍角の公式から，

$\sin\alpha,\ \cos\alpha,\ \sin\beta,\ \cos\beta$ のどのような組み合わせの積に対しても，それを三角関数の一次式で表すことができる

ことがわかった．コラム 2 でも触れたが，和は積に比べるとずっと容易な計算である．コラム 2 は 2 乗の計算を例にしたが，これらの公式は三角関数表と合わせて，数の積の計算を和の計算に帰着させる．

また，少し先の話になるが，三角関数の値の積は，空間における位置を記述する極座標に現れることから，自然科学や工学において値を求めたいものの一つであり，その値が和で求められるという事実は有益である．数学の応用においても現代数学にとっても極めて重要なフーリエ級数論において，これらの式から三角関数系の直交関係とよばれる性質が容易に導かれる．

積を和・差に直す公式において，$\alpha+\beta=A,\ \alpha-\beta=B$ とおいて両辺に 2 を掛ければ，次の公式が得られる．

52　第3章　関数とグラフの概形 (II)

三角関数の和・差を積に直す公式

① $\sin A + \sin B = 2\sin\dfrac{A+B}{2}\cos\dfrac{A-B}{2}$

② $\sin A - \sin B = 2\cos\dfrac{A+B}{2}\sin\dfrac{A-B}{2}$

③ $\cos A + \cos B = 2\cos\dfrac{A+B}{2}\cos\dfrac{A-B}{2}$

④ $\cos A - \cos B = -2\sin\dfrac{A+B}{2}\sin\dfrac{A-B}{2}$

問 **3.20**　次の関数を，積を和・差に直す公式を用いて，和の形に変形せよ．

(1) $\cos\theta\cos 3\theta$　　(2) $\sin\left(\theta+\dfrac{\pi}{3}\right)\cos\left(\dfrac{\pi}{6}-\theta\right)$

問 **3.21**　次の関数を，和・差を積に直す公式を用いて，積の形に変形せよ．

(1) $\cos 3\theta + \cos\theta$　　(2) $\sin\left(\theta+\dfrac{\pi}{4}\right)-\sin\left(\theta-\dfrac{\pi}{4}\right)$

　以上のさまざまな公式は，三角比の加法定理とその派生としてまとめられる．次の公式は，三角関数の加法の定理として極めて興味深い事実を提供する．この公式はかつて単振動の合成とよばれたことを付記しておく．

三角関数の合成

$$a\sin\theta + b\cos\theta = \sqrt{a^2+b^2}\,\sin(\theta+\alpha)$$

ただし，

$$\cos\alpha = \frac{a}{\sqrt{a^2+b^2}},\quad \sin\alpha = \frac{b}{\sqrt{a^2+b^2}}$$

である．

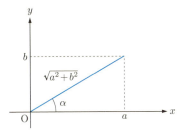

図 3.8 三角関数の合成

三角関数の合成の導き方

(a, b) という点が与えられたら，$\left(\dfrac{a}{\sqrt{a^2+b^2}}, \dfrac{b}{\sqrt{a^2+b^2}}\right)$ が単位円上にあることは容易にわかる．すなわち，

$$\left(\dfrac{a}{\sqrt{a^2+b^2}}, \dfrac{b}{\sqrt{a^2+b^2}}\right) = (\cos\alpha, \sin\alpha)$$

を満たす角 α は必ずある．これより，

$$a\sin\theta + b\cos\theta$$
$$= \sqrt{a^2+b^2}\left(\dfrac{a}{\sqrt{a^2+b^2}}\sin\theta + \dfrac{b}{\sqrt{a^2+b^2}}\cos\theta\right)$$
$$= \sqrt{a^2+b^2}\,(\cos\alpha\sin\theta + \sin\alpha\cos\theta)$$
$$= \sqrt{a^2+b^2}\,\sin(\theta+\alpha)$$

が得られる．なお，$\left(\dfrac{b}{\sqrt{a^2+b^2}}, \dfrac{a}{\sqrt{a^2+b^2}}\right) = (\cos\beta, \sin\beta)$ とおいて，

$$a\sin\theta + b\cos\theta$$
$$= \sqrt{a^2+b^2}\,(\sin\beta\sin\theta + \cos\beta\cos\theta)$$
$$= \sqrt{a^2+b^2}\,\cos(\theta-\beta)$$

とすることもできる．

54   第 3 章　関数とグラフの概形 (II)

三角関数の合成の解説

　この公式は，二つの三角関数を一つの三角関数で表すという意味で，合成する以前の式を簡単にしている．これより例えば，問 3.24 のような問題を(微積分を用いずに) 簡単に解くことができる．これは一つの効用であるが，この公式自体に驚きを感じないだろうか．

　図 3.5 において，正弦関数 ($\sin\theta$) も余弦関数 ($\cos\theta$) も同じ正弦曲線 (サインカーブ) といったが，それは性質 III ②でみたように正弦関数と余弦関数は (位相が) $\dfrac{\pi}{2}$ ずれているだけで形が同じだからである．ところが $a\sin\theta$ と $b\cos\theta$ は，それぞれの最大・最小値のとる幅 (振幅) が異なる．三角関数の合成は，そのような位相が $\dfrac{\pi}{2}$ ずれて，振幅の異なる二つの正弦曲線を重ね合わせてもまた正弦曲線になる，ということを主張している公式である．これは簡単には予想できない事実であろう．

　この公式が当てはまる現象として有名なものに，抵抗，コイル，コンデンサーを交流電源に直列に繋げた RLC 直列回路がある．RLC 直列回路に交流電流を流したとき，抵抗，コイル，コンデンサーの両端における電圧の変化はそれぞれの部品の性質により定まるが，これらの和である回路全体の電圧の変化は，正弦波 (正弦曲線) で与えられる電流に対し，位相がずれるものの(上の公式に α が現れることに相当する)，やはり正弦波で与えられる．

> **問 3.22**　次の式を $r\sin(\theta+\alpha)$ の形に変形せよ．ただし，$-\pi < \alpha \leqq \pi$ とする．
>
> (1) $\sin\theta + \sqrt{3}\cos\theta$　　(2) $\sin\theta - \cos\theta$　　(3) $-\sqrt{3}\sin\theta + \cos\theta$

> **問 3.23**　$0 \leqq \theta < 2\pi$ のとき，次の方程式を解け．
>
> (1) $\sin\theta - \sqrt{3}\cos\theta - 1 = 0$　　(2) $\sqrt{3}\sin\theta + \cos\theta = \sqrt{2}$

> **問 3.24**　次の関数の最大値と最小値を求めよ．
>
> (1) $y = \sin\theta + \cos\theta$　　(2) $y = \sqrt{3}\sin\theta - \cos\theta$

2 指数関数と対数関数　　55

▮2　指数関数と対数関数

　指数関数と対数関数は，三角関数と同様に重要な関数である．自然現象を記述するために有用であるし，数学それ自身においても要となる関数である．本章では指数関数，対数関数を活用するために必要となる基本事項を確認する．なお，指数および対数に関する基礎的な性質ついては既知とする．それらに関する必要と思われる事項は付録 B にまとめた．

2.1　指数と対数

　$a \times a$ を a^2 と表し，$a \times a \times a$ を a^3 と表したときの 2, 3 が指数とよばれる数である．これを拡張し，正の数 a，実数 x に対し，a^x という数が定義される．逆に，与えられた数を指数を使って表したとき，すなわち，与えられた数 x に対し $x = a^y$ を満たす y を，a を底とする x の対数といい，$y = \log_a x$ と書く．対数とは指数のことなのである．

　例えば $100 = 10^2$，$1000 = 10^3$ と表すことは，記述の節約であるとともに，2, 3 という指数 (すなわち，10 を底とする 100, 1000 の対数) が，100 や 1000 における 0 の個数を表すことから，指数は，指数を使って表される数の大きさの程度を表している．このように指数 (すなわち，ある数の対数) は，数の大きさを感じ取るのに有利なものだが，それに加え，$100 \times 1000 = 100000$ という積の計算を，$10^2 \times 10^3 = 10^{2+3}$ という，指数の和として計算することを可能にする．積を和として計算することの意義は三角関数の項でも述べたが (コラム 2 や 51 ページの「積を和にする意義と有難味」の項を参照)，そのもっとも洗練されたものが指数 (すなわち対数) による計算である．

2.2　指数関数の定義と性質

　1^x は恒等的に 1 であることから，新たな関数を与えない．そこで，a を 1 と異なる正の数とするとき，x を独立変数とする関数 a^x を，a を底とする指数関数という．

指数関数 $y = a^x$ ($a > 0$, $a \neq 1$) の基本性質

① 定義域は実数全体で，値域は正の実数全体である連続関数．

② $a^0 = 1$, $a^1 = a$ であるから，グラフは定点 $(0, 1)$, および $(1, a)$ を通る．

③ x 軸を漸近線とする．

④ $a > 1$ のとき

x の値が増加すると，y の値も増加する (図 3.9 (a))．すなわち，

$$a > 1 \text{ のとき}, \quad p < q \iff a^p < a^q$$

$0 < a < 1$ のとき

x の値が増加すると，y の値は減少する (図 3.9 (b))．すなわち，

$$0 < a < 1 \text{ のとき}, \quad p < q \iff a^p > a^q$$

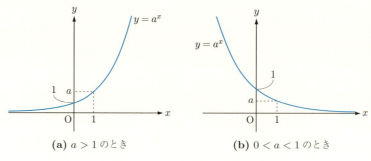

(a) $a > 1$ のとき　　(b) $0 < a < 1$ のとき

図 3.9　$y = a^x$ のグラフ

基本的性質の証明の一部は本書の程度を超えるので，これらを認めることにする．

問 3.25　次の関数のグラフを描け．

(1) $y = 2^{x-1}$　　(2) $y = 2^{x+2} + 1$　　(3) $y = \left(\dfrac{1}{2}\right)^{x+1} - 1$

                                          2 指数関数と対数関数   57

問 3.26　次の数を，小さい方から順に並べよ．

(1) $3^{0.5}$, 3^{-1}, 1　　(2) $\left(\dfrac{1}{3}\right)^{-3}$, $\left(\dfrac{1}{3}\right)^{-4}$, $\left(\dfrac{1}{3}\right)^{2}$　　(3) $\sqrt{2}$, $(0.5)^{-\frac{3}{4}}$, $\sqrt[5]{4}$

指数関数についての方程式と不等式

問 3.27　次の方程式を解け．

$$(1)\ 4^x = 8 \qquad (2)\ \left(\frac{1}{2}\right)^x = \frac{1}{16} \qquad (3)\ 3^{2x} - 8 \cdot 3^x - 9 = 0$$

問 3.28　次の不等式を解け．

$$(1)\ 2^x \geqq 8 \qquad (2)\ \left(\frac{1}{3}\right)^x < \frac{1}{9} \qquad (3)\ \sqrt{3^x} < 9^{x-1}$$

指数計算の有難味

問 3.29　太陽から地球までの平均距離は約 1.5×10^8 km であり，太陽から冥王星までの平均距離は 6.0×10^9 km である．また，光は 1 秒間に 3.0×10^5 km 進む．
(1) 太陽から地球まで光がとどく時間 (秒) を求めよ．
(2) 太陽から冥王星まで光がとどくのは約何時間か答えよ．

2.3　対数関数の定義と性質

a を 1 と異なる正の定数とするとき，x を独立変数とする $\log_a x$ を，a を底とする x の対数関数 (**log**arithmic function) という．

対数関数 $y = \log_a x\ (a > 0,\ a \neq 1)$ の基本性質

① 定義域は正の実数全体で，値域は実数全体である連続関数．

② グラフは定点 $(1,\ 0)$ および $(a,\ 1)$ を通る．

③ y 軸を漸近線とする．

④ $a > 1$ のとき

---

x の値が増加すると，y の値も増加する (図 3.10 (a))．すなわち，
$$a > 1 \text{ のとき}, \quad 0 < p < q \iff \log_a p < \log_a q$$

$0 < a < 1$ のとき

x の値が増加すると，y の値は減少する (図 3.10 (b))．すなわち，
$$0 < a < 1 \text{ のとき}, \quad 0 < p < q \iff \log_a p > \log_a q$$

⑤ $y = \log_a x$ のグラフと $y = a^x$ のグラフは，直線 $y = x$ に関して対称である (図 3.10)．

これらの性質は，指数関数の性質から導かれる．各自確認してほしい．

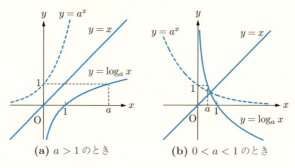

図 3.10　$y = \log_a x$ のグラフ

基本性質⑤についての補足解説

共通の底をもつ指数関数 $f(x) = a^x$ と対数関数 $g(x) = \log_a x$ に対し，
$$f(g(x)) = x, \quad g(f(x)) = x$$
という関係が成り立つ．すなわち，対数関数 $g(x) = \log_a x$ は，指数関数 $f(x) = a^x$ の逆関数 $f^{-1}(x)$ である (第 1 章 2.5 参照)．

一般に x と y に $y = f(x)$ という関係があるとき，これを解いて $x = \cdots$ と表したときの右辺を $g(y)$ とするとき，$g(y) = f^{-1}(y)$ と表される．すなわち，$y = f(x)$ と $x = f^{-1}(y)$ は，x と y の対応関係としては変わらないの

で，xy 平面上で同じグラフを持つ．一方，「$y = f(x)$ の逆関数 $y = f^{-1}(x)$」と表現されたとき，これを丁寧に言えば，

「$y = f(x)$ の逆関数 $x = f^{-1}(y)$ に対し，『独立変数 y を x に，

従属変数 x を y に置き換えた』関数 $y = f^{-1}(x)$」

となる．この『　』の操作，これは一般的な文字の使い方に合わせるためにすることだが，このために，xy 平面上の $y = f(x)$ と $y = f^{-1}(x)$ のグラフは，互いに x 軸と y 軸を置き換えた形，すなわち，$y = x$ について線対称になる．図 3.10 を見て欲しい．

積を和にする変形の有難味

このように，指数関数の逆関数として対数関数が考えられるのは現代では標準的だが，興味深いことにネイピアによる対数の発見は，指数を用いられるようになる以前に，「積を和に直す」という三角関数以来の欲求に基づいて発見されたとのことである．コラム 2 に挙げた，カジョリ，山本などの文献を参照してほしい．

問 3.30　$y = 2^x$ のグラフをもとにして，$y = \log_2 x$ のグラフを描け．

問 3.31　次の関数のグラフを描け．

(1) $y = \log_2(x - 1)$　　(2) $y = \log_2(-4x)$　　(3) $y = \log_2 |x|^2 + 2$

問 3.32　三つの数 $\dfrac{1}{2} \log_2 \dfrac{1}{3}$, -1, $\log_2 3^{-1}$ を小さい方から順に並べよ．

問 3.33　次の関数で，x が (　　) の範囲にあるとき，y の値はどのような範囲にあるか．

(1) $y = \log_{10} x$　$(1 \leqq x < 10)$　　(2) $y = \log_{0.1} x$　$(10 \leqq x < 100)$

問 3.34　$1 \leqq x \leqq 4$ のとき，$y = \log_2 x - (\log_2 x)^2$ の最大値と最小値を求めよ．

対数関数についての方程式と不等式

問 3.35　次の方程式と不等式を解け．

(1) $\log_3(x+1)^2 = 2$　(2) $\log_2(x+5) + \log_2(x-2) = 3$　(3) $\log_5(2x-1) > \log_5 x$

60   第 3 章　関数とグラフの概形 (II)

桁数

問 **3.36**　$\log_{10} 2 = 0.3010$ を用いて，次の各問に答えよ．

(1) $\log_{10} 5$ の値を求めよ．

(2) 2^{30} の桁数を求めよ．

第 3 章　章末問題　　*61*

▌第 3 章　章末問題

3.1　次の各問に答えよ.

(1) θ が, $0 \leqq \theta \leqq \pi$ および $\sin\theta = 3\cos\theta$ を満たすとき, $\sin\theta\cos\theta$ の値を求めよ.

(2) 等式 $\sin A = \cos B \sin C$ が成り立つ三角形 ABC は, どのような形か.

3.2　次の方程式を解け.

(1) $4^{x+1} - 5 \times 2^{x+2} + 16 = 0$　　(2) $5\log_3 3x^2 - 4(\log_3 x)^2 + 1 = 0$

3.3　$xy = 8 \ (x > 0, \ y > 0)$ のとき, $z = (\log_2 x)(\log_2 y)$ の最大値を求めよ.

3.4　θ の関数 $y = \sin 2\theta + \sin\theta + \cos\theta$ について, 次の各問に答えよ.

(1) $x = \sin\theta + \cos\theta$ とおいて, y を x の関数で表せ.

(2) y のとり得る値の範囲を求めよ.

3.5　$-1 \leqq x \leqq 2$ のとき, $y = -4^x + 2^{x+2} + 2$ の最大値, 最小値を求めよ.

3.6　x, y を実数とする. $3^x = 5^y = a$ のとき, $\dfrac{1}{x} + \dfrac{1}{y} = 2$ を満たす a の値を求めよ.

3.7　次の連立方程式を解け.

$$\begin{cases} 8 \cdot 3^x - 3^y + 27 = 0 \\ \log_2 \dfrac{x+1}{y+3} + 1 = 0 \end{cases}$$

第3章 問の解答

3.1　$0 < \theta < \dfrac{\pi}{2}$ であるので，図 3.2 の中に，図 3.11 の直角三角形に相似な直角三角形を探せばよい．

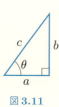

図 **3.11**

素朴に考えられる辺の比は以下のようなものであろう．

$$a : b : c = \cos\theta : \sin\theta : 1$$
$$= 1 : \tan\theta : \boxed{\sec\theta}$$
$$= \cot\theta : 1 : \csc\theta$$
$$= \cot\theta : 1 : \boxed{\csc\theta}$$
$$= \boxed{\csc\theta} : \boxed{\sec\theta} : \boxed{\ell}$$

ここで，$\ell = \dfrac{1}{\sin\theta \cos\theta} = \tan\theta + \cot\theta$ である．これより，図 3.12 のようになる．

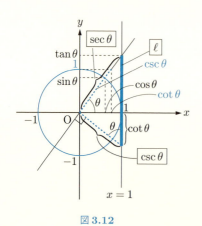

図 **3.12**

3.2　$0 < \theta < \dfrac{\pi}{2}$ のとき，図 3.13 のようになるだろう．

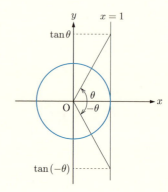

図 **3.13**

3.3

(1) $\dfrac{\sqrt{3}}{2}$　(2) $\dfrac{1}{\sqrt{2}}$　(3) $-\dfrac{1}{\sqrt{3}}$

3.4　(1) $\dfrac{\pi}{6}, \dfrac{11}{6}\pi$（図 3.14 参照）

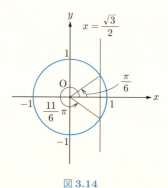

図 **3.14**

(2) $\dfrac{4}{3}\pi, \dfrac{5}{3}\pi$（図 3.15 参照）

第 3 章 問の解答　　63

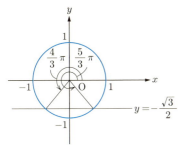

図 3.15

(3) $\dfrac{\pi}{3}$, $\dfrac{4}{3}\pi$ (図 3.16 参照)

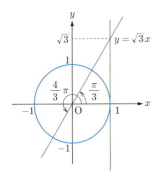

図 3.16

3.5　(1) θ が第 3 象限の角なので $\cos\theta < 0$ である．よって，
$$\cos\theta = -\sqrt{1-\sin^2\theta}$$
$$= -\sqrt{1-\dfrac{1}{9}} = -\dfrac{2\sqrt{2}}{3}$$
$$\tan\theta = \dfrac{\sin\theta}{\cos\theta}$$
$$= \dfrac{-\dfrac{1}{3}}{-\dfrac{2\sqrt{2}}{3}} = \dfrac{1}{2\sqrt{2}}$$

(2) θ が第 3 象限の角なので $\cos\theta < 0$ である．よって，
$$\cos\theta = -\dfrac{1}{\sqrt{1+\tan^2\theta}}$$
$$= -\dfrac{1}{\sqrt{1+9}} = -\dfrac{1}{\sqrt{10}}$$
$$\sin\theta = \tan\theta\cos\theta$$
$$= 3\cdot\left(-\dfrac{1}{\sqrt{10}}\right) = -\dfrac{3}{\sqrt{10}}$$

(3) 性質 II の $\sin^2\theta + \cos^2\theta = 1$ を使うと，以下の同値変形を得る．
$$(\sin\theta - \cos\theta)^2 = \dfrac{1}{9}$$
$$\Leftrightarrow 1 - 2\sin\theta\cos\theta = \dfrac{1}{9}$$
$$\Leftrightarrow \sin\theta\cos\theta = \dfrac{4}{9}$$

よって，
$$\sin^3\theta - \cos^3\theta$$
$$= (\sin\theta - \cos\theta)$$
$$\quad \times (\sin^2\theta + \sin\theta\cos\theta + \cos^2\theta)$$
$$= \dfrac{1}{3}\left(1 + \dfrac{4}{9}\right) = \dfrac{13}{27}$$

3.6　(1) $\cos\dfrac{15}{2}\pi = \cos\left(-\dfrac{\pi}{2} + 8\pi\right)$
$$= \cos\left(-\dfrac{\pi}{2}\right) = \cos\dfrac{\pi}{2} = 0$$

(2) $\sin\left(-\dfrac{14}{3}\pi\right) = \sin\left(-\dfrac{2}{3}\pi - 4\pi\right)$
$$= \sin\left(-\dfrac{2}{3}\pi\right) = -\sin\dfrac{2}{3}\pi = -\dfrac{\sqrt{3}}{2}$$

(3) $\tan\left(-\dfrac{13}{6}\pi\right) = \tan\left(-\dfrac{\pi}{6} - 2\pi\right)$
$$= \tan\left(-\dfrac{\pi}{6}\right) = -\tan\dfrac{\pi}{6} = -\dfrac{1}{\sqrt{3}}$$

3.7　図 3.17 は，どのように移動したかを確認しやすいように，$y = \sin\theta$ の一部分 $0 \leqq \theta \leqq 2\pi$ だけを実線にしたグラフである．正しい解答は，定義域が指定されていないので，点線の部分も実線で描いたものである．

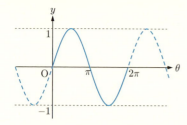

図 **3.17**

(1) $y = \sin 2\theta$ のグラフは，$\sin \theta$ を θ 軸方向に $\frac{1}{2}$ 倍したもので，周期は π になる（図 3.18）．

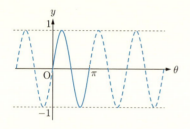

図 **3.18**

(2) $y = 2\sin\theta$ は，$\sin\theta$ のグラフを y 軸の正負の方向に 2 倍に引き伸ばしたグラフである（図 3.19）．

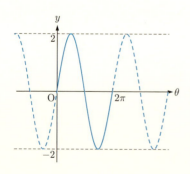

図 **3.19**

(3) $y = -\sin\left(\theta + \frac{\pi}{4}\right)$
$= -\sin\left(\theta - \left(-\frac{\pi}{4}\right)\right)$ なので，この関数のグラフは，$\sin\theta$ を θ 軸について対称移動させて，$-\frac{\pi}{4}$ だけ θ 方向に平行移動したものである（図 3.20）．

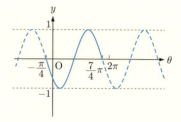

図 **3.20**

注　$\sin\theta$ を θ 軸について対称移動させて，$\frac{7}{4}\pi$ だけ θ 方向に平行移動したもの，といってもよい．

3.8　(1) $y = \cos\left(\theta - \frac{\pi}{6}\right)$ は周期 2π である．グラフは図 3.21．

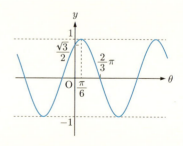

図 **3.21**

(2) $y = 3\cos\left(2\theta - \frac{\pi}{3}\right)$
$= 3\cos 2\left(\theta - \frac{\pi}{6}\right)$ は周期 π である．グラフは図 3.22．

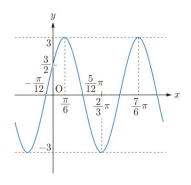

図 3.22

(3) $y = -2\tan\left(2\theta + \dfrac{\pi}{3}\right)$
$= -2\tan 2\left(\theta - \left(-\dfrac{\pi}{6}\right)\right)$ は周期 $\dfrac{\pi}{2}$ である．グラフは図 3.23．

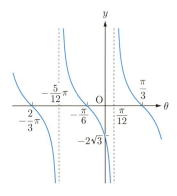

図 3.23

3.9 (1) $\sqrt{2}\cos\theta - 1 = 0$
$\Leftrightarrow \cos\theta = \dfrac{1}{\sqrt{2}}$ より，θ は第 1 象限と第 4 象限にあり，$\theta = \dfrac{\pi}{4},\ \dfrac{7}{4}\pi$

(2) $2\sin\left(\theta + \dfrac{\pi}{3}\right) = 1$
$\Leftrightarrow \sin\left(\theta + \dfrac{\pi}{3}\right) = \dfrac{1}{2}$ から，

$\dfrac{\pi}{3} \leqq \theta + \dfrac{\pi}{3} < \dfrac{7}{3}\pi$ より，

$\theta + \dfrac{\pi}{3} = \dfrac{5}{6}\pi,\ \dfrac{13}{6}\pi \Leftrightarrow \theta = \dfrac{\pi}{2},\ \dfrac{11}{6}\pi$

(3) $\sqrt{3}\tan\left(\theta + \dfrac{\pi}{9}\right) = 1$
$\Leftrightarrow \tan\left(\theta + \dfrac{\pi}{9}\right) = \dfrac{1}{\sqrt{3}}$ から，

$\dfrac{\pi}{9} \leqq \theta + \dfrac{\pi}{9} < \dfrac{19}{9}\pi$ より，

$\theta + \dfrac{\pi}{9} = \dfrac{\pi}{6},\ \dfrac{7}{6}\pi \Leftrightarrow \theta = \dfrac{\pi}{18},\ \dfrac{19}{18}\pi$

3.10 (1) $\cos\theta \leqq \dfrac{1}{\sqrt{2}}$ より，

$$\dfrac{\pi}{4} \leqq \theta \leqq \dfrac{7}{4}\pi$$

である（図 3.24）．

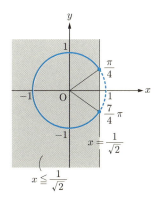

図 3.24

(2) $\tan\theta > 1$ より，

$$\dfrac{\pi}{4} < \theta < \dfrac{\pi}{2},\ \dfrac{5}{4}\pi < \theta < \dfrac{3}{2}\pi$$

である（図 3.25）．ここで ○ は，点に対応する直線や角度は所望の範囲に含まないという意味である．

66   第3章　問の解答

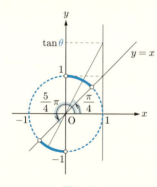

図 3.25

(3) $2\sin\theta \leqq \sqrt{3}$

$\Leftrightarrow \sin\theta \leqq \dfrac{\sqrt{3}}{2}$ より,

$$0 \leqq \theta \leqq \dfrac{\pi}{3}, \ \dfrac{2}{3}\pi \leqq \theta < 2\pi$$

である (図 3.26).

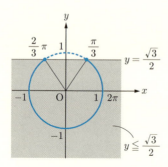

図 3.26

3.11　(1) α, β が鋭角であるから,
$$\cos\alpha > 0, \ \cos\beta > 0$$
である. よって,
$$\cos\alpha = \sqrt{1 - \sin^2\alpha}$$
$$= \sqrt{1 - \dfrac{1}{49}}$$
$$= \dfrac{\sqrt{48}}{7} = \dfrac{4\sqrt{3}}{7}$$

$$\cos\beta = \sqrt{1 - \left(\dfrac{11}{14}\right)^2}$$
$$= \dfrac{\sqrt{75}}{14} = \dfrac{5\sqrt{3}}{14}$$

$$\cos(\alpha + \beta) = \cos\alpha\cos\beta - \sin\alpha\sin\beta$$
$$= \dfrac{60}{98} - \dfrac{11}{98} = \dfrac{49}{98} = \dfrac{1}{2}$$

(2) $\cos\alpha > 0, \ \sin\beta < 0$ より,
$$\cos\alpha = \sqrt{1 - \dfrac{9}{25}} = \dfrac{4}{5}$$
$$\sin\beta = -\sqrt{1 - \dfrac{16}{25}} = -\dfrac{3}{5}$$
$$\sin(\alpha - \beta) = \sin\alpha\cos\beta - \cos\alpha\sin\beta$$
$$= -\dfrac{12}{25} + \dfrac{12}{25} = 0$$
$$\cos(\alpha + \beta) = \cos\alpha\cos\beta - \sin\alpha\sin\beta$$
$$= \dfrac{16}{25} - \dfrac{9}{25} = \dfrac{7}{25}$$

3.12

(1) $\tan\dfrac{\pi}{12} = \tan\left(\dfrac{\pi}{3} - \dfrac{\pi}{4}\right)$
$$= \dfrac{\tan\dfrac{\pi}{3} - \tan\dfrac{\pi}{4}}{1 + \tan\dfrac{\pi}{3}\tan\dfrac{\pi}{4}}$$
$$= \dfrac{\sqrt{3} - 1}{1 + \sqrt{3}\cdot 1}$$
$$= \dfrac{(\sqrt{3} - 1)^2}{(\sqrt{3} + 1)(\sqrt{3} - 1)}$$
$$= 2 - \sqrt{3}$$

(2) $\tan\dfrac{5}{12}\pi = \tan\left(\dfrac{\pi}{6} + \dfrac{\pi}{4}\right)$
$$= \dfrac{\tan\dfrac{\pi}{6} + \tan\dfrac{\pi}{4}}{1 - \tan\dfrac{\pi}{6}\tan\dfrac{\pi}{4}}$$
$$= \dfrac{\dfrac{1}{\sqrt{3}} + 1}{1 - \dfrac{1}{\sqrt{3}}}$$

第 3 章　問の解答　　*67*

$$= \frac{1 + \sqrt{3}}{\sqrt{3} - 1}$$

$$= \frac{(1 + \sqrt{3})^2}{3 - 1}$$

$$= \frac{1 + 2\sqrt{3} + 3}{2}$$

$$= 2 + \sqrt{3}$$

次のように考えてもよい.

$$\tan \frac{5}{12}\pi = \tan\left(\frac{3}{4}\pi - \frac{\pi}{3}\right)$$

$$= \frac{\tan \frac{3}{4}\pi - \tan \frac{\pi}{3}}{1 + \tan \frac{3}{4}\pi \tan \frac{\pi}{3}}$$

$$= \frac{-1 - \sqrt{3}}{1 + (-1) \cdot \sqrt{3}}$$

$$= \frac{-(1 + \sqrt{3})^2}{(1 - \sqrt{3})(1 + \sqrt{3})}$$

$$= \frac{(\sqrt{3} + 1)^2}{2}$$

$$= 2 + \sqrt{3}$$

(3)　$\tan \dfrac{7}{12}\pi = \tan\left(\dfrac{\pi}{3} + \dfrac{\pi}{4}\right)$

$$= \frac{\tan \frac{\pi}{3} + \tan \frac{\pi}{4}}{1 - \tan \frac{\pi}{3} \tan \frac{\pi}{4}}$$

$$= \frac{\sqrt{3} + 1}{1 - \sqrt{3} \cdot 1}$$

$$= \frac{(1 + \sqrt{3})^2}{(1 - \sqrt{3})(1 + \sqrt{3})}$$

$$= -2 - \sqrt{3}$$

3.13　(1)

$$\tan(\alpha + \beta) = \frac{\tan \alpha + \tan \beta}{1 - \tan \alpha \tan \beta}$$

$$= \frac{\frac{1}{2} + \frac{1}{3}}{1 - \frac{1}{2} \cdot \frac{1}{3}} = \frac{\frac{5}{6}}{\frac{5}{6}} = 1$$

(2) $0 < \alpha,\ \beta < \dfrac{\pi}{2}$ より, $0 < \alpha + \beta < \pi$
である. よって, $\alpha + \beta = \dfrac{\pi}{4}$

3.14　(1) $0 \leqq \alpha < \dfrac{\pi}{2}$ より, $\cos \alpha > 0$
である. よって,

$$\cos \alpha = \sqrt{1 - \sin^2 \alpha}$$

$$= \sqrt{1 - \frac{16}{25}} = \frac{3}{5}$$

$$\sin 2\alpha = 2 \sin \alpha \cos \alpha$$

$$= 2 \cdot \frac{4}{5} \cdot \frac{3}{5} = \frac{24}{25}$$

(2)

$$\cos 2\alpha = 1 - 2 \sin^2 \alpha$$

$$= 1 - 2 \cdot \left(\frac{4}{5}\right)^2$$

$$= -\frac{7}{25}$$

(3) $\tan \alpha = \dfrac{\sin \alpha}{\cos \alpha} = \dfrac{\frac{4}{5}}{\frac{3}{5}} = \dfrac{4}{3}$

$$\tan 2\alpha = \frac{2 \tan \alpha}{1 - \tan^2 \alpha}$$

$$= \frac{\frac{8}{3}}{1 - \frac{16}{9}} = -\frac{24}{7}$$

注　あるいは単純に,

$$\tan 2\alpha = \frac{\sin 2\alpha}{\cos 2\alpha} = \frac{\frac{24}{25}}{-\frac{7}{25}} = -\frac{24}{7}$$

でもよい.

3.15　(1)

$$\sin^2 \frac{\pi}{8} = \frac{1 - \cos \frac{\pi}{4}}{2} = \frac{1 - \frac{1}{\sqrt{2}}}{2}$$

$$= \frac{\sqrt{2} - 1}{2\sqrt{2}} = \frac{2 - \sqrt{2}}{4}$$

$\sin \dfrac{\pi}{8} > 0$ より,

$$\sin \frac{\pi}{8} = \frac{\sqrt{2 - \sqrt{2}}}{2}$$

(2)

$$\cos^2 \frac{7}{2}\pi = \frac{1 + \cos 7\pi}{2}$$

$$= \frac{1 + \cos \pi}{2} = 0$$

より,

$$\cos \frac{7}{2}\pi = 0$$

注 半角の公式を使わずに,

$$\cos \frac{7}{2}\pi = \cos\left(-\frac{\pi}{2} + 4\pi\right)$$

$$= \cos\left(-\frac{\pi}{2}\right) = 0$$

などと考えてもよい.

(3)

$$\tan^2\left(-\frac{11}{6}\pi\right) = \frac{1 - \cos\left(-\frac{11}{3}\pi\right)}{1 + \cos\left(-\frac{11}{3}\pi\right)}$$

$$= \frac{1 - \cos\frac{\pi}{3}}{1 + \cos\frac{\pi}{3}} = \frac{1 - \frac{1}{2}}{1 + \frac{1}{2}} = \frac{1}{3}$$

$$\tan\left(-\frac{11}{6}\pi\right) > 0 \text{ より,}$$

$$\tan\left(-\frac{11}{6}\pi\right) = \frac{1}{\sqrt{3}}$$

注 半角の公式を使わずに,

$$\tan\left(-\frac{11}{6}\pi\right) = \tan\left(\frac{\pi}{6} - 2\pi\right)$$

$$= \tan\frac{\pi}{6} = \frac{1}{\sqrt{3}}$$

などと考えてもよい.

3.16　$\dfrac{\pi}{2} < \alpha < \pi$ より, $\sin\alpha > 0$ である. よって,

$$\sin\alpha = \sqrt{1 - \cos^2\alpha}$$

$$= \sqrt{1 - \frac{9}{25}} = \frac{4}{5}$$

$$\tan\alpha = \frac{\sin\alpha}{\cos\alpha} = \frac{\frac{4}{5}}{-\frac{3}{5}} = -\frac{4}{3}$$

(1)

$$\sin 2\alpha = 2\sin\alpha\cos\alpha$$

$$= 2 \cdot \frac{4}{5} \cdot \left(-\frac{3}{5}\right) = -\frac{24}{25}$$

(2)

$$\tan 2\alpha = \frac{2\tan\alpha}{1 - \tan^2\alpha}$$

$$= \frac{2\left(-\frac{4}{3}\right)}{1 - \frac{16}{9}} = \frac{-\frac{8}{3}}{-\frac{7}{9}} = \frac{24}{7}$$

(3)

$$\cos^2\frac{\alpha}{2} = \frac{1 + \cos\alpha}{2} = \frac{1 - \frac{3}{5}}{2} = \frac{1}{5}$$

$\dfrac{\pi}{4} < \dfrac{\alpha}{2} < \dfrac{\pi}{2}$ より, $\cos\dfrac{\alpha}{2} > 0$ である. よって,

$$\cos\frac{\alpha}{2} = \frac{1}{\sqrt{5}}$$

3.17

$$\tan(\alpha + \beta) = \frac{\tan\alpha + \tan\beta}{1 - \tan\alpha\tan\beta}$$

$$= \frac{2 + 3}{1 - 6} = -1$$

$0 < \alpha + \beta < \pi$ より, $\alpha + \beta = \dfrac{3}{4}\pi$ である.

3.18　(1)

$$\sin 2\theta - \sin\theta = 0$$

$$\Leftrightarrow 2\sin\theta\cos\theta - \sin\theta = 0$$

$$\Leftrightarrow \sin\theta(2\cos\theta - 1) = 0$$

よって, $\sin\theta = 0$ か, または $\cos\theta = \dfrac{1}{2}$ である.

(i) $\sin\theta = 0$ のとき, $\theta = 0,\ \pi$

(ii) $\cos\theta = \dfrac{1}{2}$ のとき, $\theta = \dfrac{\pi}{3},\ \dfrac{5}{3}\pi$

より，
$$\theta = 0,\ \frac{\pi}{3},\ \pi,\ \frac{5}{3}\pi$$

(2)
$$\cos 2\theta + \cos \theta + 1 = 0$$
$$\Leftrightarrow\ 2\cos^2 \theta - 1 + \cos \theta + 1 = 0$$
$$\Leftrightarrow\ \cos \theta (2\cos \theta + 1) = 0$$

よって，$\cos \theta = 0$ か，または $\cos \theta = -\dfrac{1}{2}$ である．

(i) $\cos \theta = 0$ のとき，$\theta = \dfrac{\pi}{2},\ \dfrac{3}{2}\pi$

(ii) $\cos \theta = -\dfrac{1}{2}$ のとき，$\theta = \dfrac{2}{3}\pi,\ \dfrac{4}{3}\pi$

より，$\theta = \dfrac{\pi}{2},\ \dfrac{2}{3}\pi,\ \dfrac{4}{3}\pi,\ \dfrac{3}{2}\pi$

3.19
$$y = \cos 2\theta + 2\cos \theta - 1$$
$$= 2\cos^2 \theta - 1 + 2\cos \theta - 1$$
$$= 2\cos^2 \theta + 2\cos \theta - 2$$

である．$\cos \theta = t$ とすると，$0 \leqq \theta < 2\pi$ より，$-1 \leqq \cos \theta \leqq 1$ となる．これより，$-1 \leqq t \leqq 1$ で，
$$y = 2t^2 + 2t - 2 = 2\left(t + \frac{1}{2}\right)^2 - \frac{5}{2}$$
より，最小値を与えるのは $t = -\dfrac{1}{2}$ のとき，すなわち，
$$\cos \theta = -\frac{1}{2}\ \Leftrightarrow\ \theta = \frac{2}{3}\pi,\ \frac{4}{3}\pi$$
のときである．このとき，最小値は $-\dfrac{5}{2}$ となる．

最大値を与える可能性があるのは，$t = \pm 1$ のときである．

$t = -1$ のとき，$y = -2$

$t = 1$ のとき，$y = 2$

よって，
$$t = 1\ \Leftrightarrow\ \cos \theta = 1\ \Leftrightarrow\ \theta = 0$$
のとき，最大値 2 である．

3.20 (1)
$$\cos \theta \cos 3\theta$$
$$= \frac{1}{2}\left(\cos(\theta + 3\theta) + \cos(\theta - 3\theta)\right)$$
$$= \frac{1}{2}\left(\cos 4\theta + \cos(-2\theta)\right)$$
$$= \frac{1}{2}\left(\cos 4\theta + \cos 2\theta\right)$$

(2)
$$\sin\left(\theta + \frac{\pi}{3}\right)\cos\left(\frac{\pi}{6} - \theta\right)$$
$$= \frac{1}{2}\left(\sin \frac{\pi}{2} + \sin\left(2\theta + \frac{\pi}{6}\right)\right)$$
$$= \frac{1}{2}\left(1 + \sin\left(2\theta + \frac{\pi}{6}\right)\right)$$

3.21 (1)
$$\cos 3\theta + \cos \theta$$
$$= 2\cos \frac{3\theta + \theta}{2}\cos \frac{3\theta - \theta}{2}$$
$$= 2\cos 2\theta \cos \theta$$

(2)
$$\sin\left(\theta + \frac{\pi}{4}\right) - \sin\left(\theta - \frac{\pi}{4}\right)$$
$$= 2\cos \frac{\left(\theta + \frac{\pi}{4}\right) + \left(\theta - \frac{\pi}{4}\right)}{2}$$
$$\times \sin \frac{\left(\theta + \frac{\pi}{4}\right) - \left(\theta - \frac{\pi}{4}\right)}{2}$$
$$= 2\cos \theta \sin \frac{\pi}{4} = \sqrt{2}\cos \theta$$

3.22 (1) $r = \sqrt{1 + 3} = 2$ であり，
$$\cos \alpha = \frac{1}{2},\ \sin \alpha = \frac{\sqrt{3}}{2}$$
より，$\alpha = \dfrac{\pi}{3}$ である．これより，
$$\sin \theta + \sqrt{3}\cos \theta = 2\sin\left(\theta + \frac{\pi}{3}\right)$$

(2) $r = \sqrt{1 + 1} = \sqrt{2}$ であり，
$$\cos \alpha = \frac{1}{\sqrt{2}},\ \sin \alpha = -\frac{1}{\sqrt{2}}$$
より，$\alpha = -\dfrac{\pi}{4}$ である．これより，
$$\sin \theta - \cos \theta = \sqrt{2}\sin\left(\theta - \frac{\pi}{4}\right)$$

70　第 3 章　問の解答

(3) $r = \sqrt{3+1} = 2$ であり,
$$\cos\alpha = -\frac{\sqrt{3}}{2},\ \sin\alpha = \frac{1}{2}$$
より, $\alpha = \dfrac{5}{6}\pi$ である. これより,
$$-\sqrt{3}\sin\theta + \cos\theta = 2\sin\left(\theta + \frac{5}{6}\pi\right)$$

3.23　(1) $\sin\theta - \sqrt{3}\cos\theta$ について, $r = \sqrt{1+3} = 2$ であり,
$$\cos\alpha = \frac{1}{2},\ \sin\alpha = -\frac{\sqrt{3}}{2}$$
より, $\alpha = -\dfrac{\pi}{3}$ である. よって,
$$\sin\theta - \sqrt{3}\cos\theta - 1 = 0$$
$$\Leftrightarrow\ 2\sin\left(\theta - \frac{\pi}{3}\right) = 1$$
$$\Leftrightarrow\ \sin\left(\theta - \frac{\pi}{3}\right) = \frac{1}{2}$$
これより,
$$\theta - \frac{\pi}{3} = \frac{\pi}{6} + 2n\pi,\ \frac{5}{6}\pi + 2n\pi$$
$$\Leftrightarrow\ \theta = \frac{\pi}{2} + 2n\pi,\ \frac{7}{6}\pi + 2n\pi$$
$0 \leqq \theta < 2\pi$ より,
$$\theta = \frac{\pi}{2},\ \frac{7}{6}\pi$$

(2)　$\sqrt{3}\sin\theta + \cos\theta$ について, $r = \sqrt{3+1} = 2$ であり,
$$\cos\alpha = \frac{\sqrt{3}}{2},\ \sin\alpha = \frac{1}{2}$$
より, $\alpha = \dfrac{\pi}{6}$ である. よって,
$$\sqrt{3}\sin\theta + \cos\theta = \sqrt{2}$$
$$\Leftrightarrow\ 2\sin\left(\theta + \frac{\pi}{6}\right) = \sqrt{2}$$
$$\Leftrightarrow\ \sin\left(\theta + \frac{\pi}{6}\right) = \frac{1}{\sqrt{2}}$$
これより,
$$\theta + \frac{\pi}{6} = \frac{\pi}{4} + 2n\pi,\ \frac{3}{4}\pi + 2n\pi$$
$$\Leftrightarrow\ \theta = \frac{\pi}{12} + 2n\pi,\ \frac{7}{12}\pi + 2n\pi$$

$0 \leqq \theta < 2\pi$ より,
$$\theta = \frac{\pi}{12},\ \frac{7}{12}\pi$$

3.24　(1) $\sin\theta + \cos\theta$ について, $r = \sqrt{1+1} = \sqrt{2}$ であり,
$$\cos\alpha = \frac{1}{\sqrt{2}},\ \sin\alpha = \frac{1}{\sqrt{2}}$$
より, $\alpha = \dfrac{\pi}{4}$ である. よって,
$$y = \sin\theta + \cos\theta = \sqrt{2}\sin\left(\theta + \frac{\pi}{4}\right)$$
これより, 最大値 $\sqrt{2}$
$$\left(\theta + \frac{\pi}{4} = \frac{\pi}{2} + 2n\pi\right.$$
$$\left.\Leftrightarrow\ \theta = \frac{\pi}{4} + 2n\pi\right)$$
最小値 $-\sqrt{2}$
$$\left(\theta + \frac{\pi}{4} = \frac{3}{2}\pi + 2n\pi\right.$$
$$\left.\Leftrightarrow\ \theta = \frac{5}{4}\pi + 2n\pi\right)$$

(2)　$\sqrt{3}\sin\theta - \cos\theta$ について, $r = \sqrt{3+1} = 2$ であり,
$$\cos\alpha = \frac{\sqrt{3}}{2},\ \sin\alpha = -\frac{1}{2}$$
より, $\alpha = -\dfrac{\pi}{6}$ である. よって,
$$y = \sqrt{3}\sin\theta - \cos\theta = 2\sin\left(\theta - \frac{\pi}{6}\right)$$
これより, 最大値 2
$$\left(\theta - \frac{\pi}{6} = \frac{\pi}{2} + 2n\pi\right.$$
$$\left.\Leftrightarrow\ \theta = \frac{2}{3}\pi + 2n\pi\right)$$
最小値 -2
$$\left(\theta - \frac{\pi}{6} = \frac{3}{2}\pi + 2n\pi\right.$$
$$\left.\Leftrightarrow\ \theta = \frac{5}{3}\pi + 2n\pi\right)$$

3.25　(1) $y = 2^{x-1}$ のグラフ (図 3.27).

第 3 章 問の解答　　71

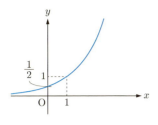

図 3.27

(2) $y = 2^{x+2} + 1$ のグラフ (図 3.28).

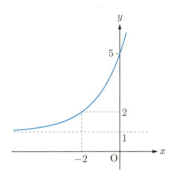

図 3.28

(3) $y = \left(\dfrac{1}{2}\right)^{x+1} - 1$ のグラフ (図 3.29).

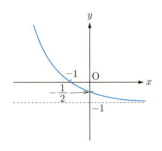

図 3.29

3.26　(1) $3^{-1} < 1 (= 3^0) < 3^{0.5}$

(2) $\left(\dfrac{1}{3}\right)^2 < \left(\dfrac{1}{3}\right)^{-3} < \left(\dfrac{1}{3}\right)^{-4}$

(3) 2 のべき乗の形にそろえる.
$$\sqrt[5]{4} = 4^{\frac{1}{5}} = 2^{\frac{2}{5}}$$
$$\sqrt{2} = 2^{\frac{1}{2}}$$
$$(0.5)^{-\frac{3}{4}} = \left(\dfrac{1}{2}\right)^{-\frac{3}{4}} = 2^{\frac{3}{4}}$$

$\dfrac{2}{5} < \dfrac{1}{2} < \dfrac{3}{4}$ より,
$$\sqrt[5]{4} < \sqrt{2} < (0.5)^{-\frac{3}{4}}$$

3.27　(1) 以下のように変形.
$$4^x = 8$$
$$2^{2x} = 2^3$$
$$2x = 3$$
$$x = \dfrac{3}{2}$$

(2) 以下のように変形.
$$\left(\dfrac{1}{2}\right)^x = \dfrac{1}{16}$$
$$2^{-x} = 2^{-4}$$
$$-x = -4$$
$$x = 4$$

(3) $3^{2x} - 8 \cdot 3^x - 9 = 0$ において, $3^x = t$ とすると,
$$t^2 - 8t - 9 = (t+1)(t-9) = 0$$
よって, $t = -1, 9$ である.

$t > 0$ より, $t = 9$ から以下のように変形.
$$3^x = 3^2$$
$$x = 2$$

3.28　(1) 以下のように変形.
$$2^x \geqq 8$$
$$2^x \geqq 2^3$$
$$x \geqq 3$$

(2) 以下のように変形.

$$\left(\frac{1}{3}\right)^x < \frac{1}{9}$$
$$3^{-x} < 3^{-2}$$
$$-x < -2$$
$$x > 2$$

(3) 以下のように変形.
$$\sqrt{3^x} < 9^{x-1}$$
$$3^{\frac{x}{2}} < 3^{2(x-1)}$$
$$\frac{x}{2} < 2x - 2$$
$$x < 4x - 4$$
$$-3x < -4$$
$$x > \frac{4}{3}$$

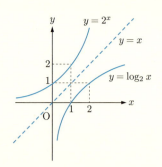

図 3.30

3.31 (1) $y = \log_2(x-1)$ のグラフ (図 3.31).

3.29 (1)
$$1.5 \times 10^8 \div (3.0 \times 10^5)$$
$$= 0.5 \times 10^3 = 500 \text{ (秒)}$$

(2)
$$\frac{6.0 \times 10^9}{3.0 \times 10^5} = 2.0 \times 10^4 \text{ (秒)}$$
$$= \frac{2.0 \times 10^4}{60 \times 60} \text{ (時間)}$$
$$\fallingdotseq 5.6 \text{ (時間)}$$

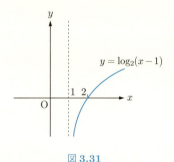

図 3.31

3.30 $y = \log_2 x$ のグラフは, $y = 2^x$ のグラフを直線 $y = x$ に関して対称に折り返したものである (図 3.30).

(2) $y = \log_2(-4x)$
$= \log_2 4 + \log_2(-x) = 2 + \log_2(-x)$ のグラフ (図 3.32).

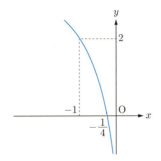

図 3.32

(3) $y = \log_2 |x|^2 + 2 = 2\log_2 |x| + 2$ のグラフ (図 3.33).

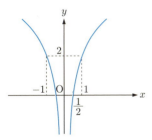

図 3.33

3.32
$$\frac{1}{2}\log_2 \frac{1}{3} = \log_2 \left(\frac{1}{3}\right)^{\frac{1}{2}}$$
$$= \log_2 \frac{1}{\sqrt{3}}$$
$$-1 = \log_2(2^{-1}) = \log_2 \frac{1}{2}$$
ここで,
$$\frac{1}{\sqrt{3}} = \frac{2\sqrt{3}}{6}, \quad \frac{1}{2} = \frac{3}{6}, \quad 3^{-1} = \frac{2}{6}$$
であり,
$$\frac{2}{6} < \frac{3}{6} < \frac{2\sqrt{3}}{6}$$
より, $\log_2 3^{-1} < -1 < \frac{1}{2}\log_2 \frac{1}{3}$

3.33 (1) $y = \log_{10} x \ (1 \leqq x < 10)$ において, (底) > 1 だから,
$$\log_{10} 1 \leqq \log_{10} x < \log_{10} 10$$
ゆえに, $0 \leqq y < 1$

(2) $y = \log_{0.1} x \ (10 \leqq x < 100)$ は次のように変換できる.
$$y = \log_{0.1} x = \frac{\log_{10} x}{\log_{10} 0.1}$$
$$= \frac{\log_{10} x}{\log_{10} 10^{-1}} = -\log_{10} x$$
よって, (底) > 1 だから,
$$\log_{10} 10 \leqq \log_{10} x < \log_{10} 100$$
$$1 \leqq \log_{10} x < 2$$
より, $-2 < y \leqq -1$

注 $\log_{0.1} x$ のまま
$$\log_{0.1} 10 \geqq \log_{0.1} x > \log_{0.1} 100$$
と考えることもできるが間違えやすい.

3.34 $\log_2 x = t$ とする. $1 \leqq x \leqq 4$ より,
$$\log_2 1 \leqq \log_2 x \leqq \log_2 4$$
よって, $0 \leqq t \leqq 2$ であり,
$$y = t - t^2 = -(t^2 - t)$$
$$= -\left(t - \frac{1}{2}\right)^2 + \frac{1}{4}$$
のグラフは図 3.34 のようになる.

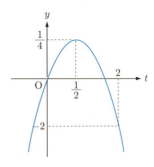

図 3.34

よって，
$$t = \frac{1}{2} \iff x(=2^t) = \sqrt{2}$$
のとき，最大値 $\dfrac{1}{4}$ をとり，
$$t = 2 \iff x = 4$$
のとき，最小値 -2 をとる．
以上より，

最大値 $\dfrac{1}{4}$ （$x = \sqrt{2}$ のとき）

最小値 -2 （$x = 4$ のとき）

3.35 以下，真数条件については，付録 B を参照．

(1) 真数条件より，
$$(x+1)^2 > 0 \iff x \neq -1$$
である．これより，
$$\log_3(x+1)^2 = 2$$
$$(x+1)^2 = 3^2$$
$$x^2 + 2x - 8 = 0$$
$$(x+4)(x-2) = 0$$
$$x = -4,\ 2$$
（これらは真数条件を満たす）

(2) 真数条件より，$x + 5 > 0$ かつ $x - 2 > 0$ である．これより，
$$x > 2$$
である．

一方，
$$\log_2(x+5) + \log_2(x-2) = 3$$
$$\log_2(x+5)(x-2) = 3$$
$$(x+5)(x-2) = 2^3$$
$$x^2 + 3x - 18 = 0$$
$$(x+6)(x-3) = 0$$
よって，$x = -6,\ 3$ を得るが，$x > 2$ より $x = 3$

(3) 真数条件より，$2x - 1 > 0$ かつ $x > 0$ である．これより，
$$x > \frac{1}{2}$$
である．

一方，
$$\log_5(2x-1) > \log_5 x$$
$$2x - 1 > x$$
$$x > 1$$
を得るが，$x > \dfrac{1}{2}$ より $x > 1$

3.36 (1)
$$\log_{10} 5 = \log_{10} \frac{10}{2}$$
$$= \log_{10} 10 - \log_{10} 2$$
$$= 1 - 0.3010$$
$$= 0.6990$$

(2) $\log_{10} 2^{30} = 30 \log_{10} 2 = 9.03$ より 10 桁.

▍第 3 章　章末問題解答

3.1　(1) $\sin\theta = 3\cos\theta$ を
$$\sin^2\theta + \cos^2\theta = 1$$
に代入すると，
$$10\cos^2\theta = 1$$
を得る．$\sin\theta = 3\cos\theta$ から $\sin\theta$ と $\cos\theta$ は同符号であり，$0 \leqq \theta \leqq \pi$ より，θ は第一象限の角とわかる．

よって，
$$\cos\theta = \frac{1}{\sqrt{10}}$$
$$\sin\theta = 3\cos\theta = \frac{3}{\sqrt{10}}$$
より，
$$\sin\theta\cos\theta = \frac{1}{\sqrt{10}} \cdot \frac{3}{\sqrt{10}} = \frac{3}{10}$$

(2) $\triangle ABC$ において，R を外接円の半径とすると，
$$\sin A = \frac{a}{2R}, \quad \sin C = \frac{c}{2R}$$
$$\cos B = \frac{a^2 + c^2 - b^2}{2ac}$$

第 3 章　章末問題解答　　**75**

が成り立つ．これらを等式に代入して

$$\frac{a}{2R} = \frac{a^2 + c^2 - b^2}{2ac} \cdot \frac{c}{2R}$$

整理して，

$$c^2 = a^2 + b^2$$

よって，$C = \dfrac{\pi}{2}$ となる直角三角形である．

【別解】　$A = \pi - (B + C)$ より，

$$\sin A = \sin\{\pi - (B + C)\}$$

$$= \sin(B + C)$$

$$= \sin B \cos C + \cos B \sin C$$

である．よって与式は，

$$\sin B \cos C = 0$$

となる．B は三角形の内角であるので，$0 < B < \pi$ を満たす．よって，$\sin B \neq 0$ より，条件は $\cos C = 0$ となる．すなわち，$C = \dfrac{\pi}{2}$ となる直角三角形である．

3.2　(1) $2^x = z$ とすれば

$$4z^2 - 20z + 16 = 4(z^2 - 5z + 4)$$

$$= 4(z - 4)(z - 1) = 0$$

である．$z = 4$ のとき $x = 2$ で，$z = 1$ のとき $x = 0$ である．これより $x = 0, 2$ である．

(2) 真数条件より，$x > 0$ である．よって，$\log x^2$ は，$(2 \log |x|$ ではなく) $2 \log x$ となる．これより，

$$5 \log_3 3x^2 - 4(\log_3 x)^2 + 1$$

$$= 5(\log_3 3 + 2\log_3 x)$$

$$\quad - 4(\log_3 x)^2 + 1$$

$$= -4(\log_3 x)^2 + 10\log_3 x + 6$$

$$= -2\{2(\log_3 x)^2 - 5\log_3 x - 3\}$$

$$= -2(2\log_3 x + 1)(\log_3 x - 3) = 0$$

よって，$\log_3 x = -\dfrac{1}{2}$ のとき，$x = 3^{-\frac{1}{2}} = \dfrac{1}{\sqrt{3}}$ で，$\log_3 x = 3$ のとき，$x = 27$ である．

これより，$x = \dfrac{1}{\sqrt{3}}$, 27 である．

3.3　$y = \dfrac{8}{x}$ を z の式に代入して，

$$z = (\log_2 x)\left(\log_2 \frac{8}{x}\right)$$

$$= (\log_2 x)(\log_2 8 - \log_2 x)$$

$$= (\log_2 x)(3 - \log_2 x)$$

となるから，第 1 章の注 1.16 より，$\log_2 x = \dfrac{0 + 3}{2}$ のとき，すなわち，$x = 2^{\frac{3}{2}}$ のとき，最大値 $\dfrac{9}{4}$ を達成する．

注　z を平方完成してもよい．

$$z = -(\log_2 x)^2 + 3\log_2 x$$

$$= -\left(\log_2 x - \frac{3}{2}\right)^2 + \frac{9}{4}$$

3.4　(1)

$$y = \sin 2\theta + \sin\theta + \cos\theta$$

$$= 2\sin\theta\cos\theta + \sin\theta + \cos\theta$$

である．一方，

$$x^2 = (\sin\theta + \cos\theta)^2$$

$$= \sin^2\theta + 2\sin\theta\cos\theta + \cos^2\theta$$

$$= 1 + 2\sin\theta\cos\theta$$

であるから，

$$y = (x^2 - 1) + x = x^2 + x - 1$$

(2) $x = \sin\theta + \cos\theta$

$= \sqrt{2}\sin\left(\theta + \dfrac{\pi}{4}\right)$ より，

$$-\sqrt{2} \leqq x \leqq \sqrt{2}$$

$$y = \left(x + \frac{1}{2}\right)^2 - \frac{5}{4}$$ から，

$$x = -\frac{1}{2} \text{ のとき最小値} -\frac{5}{4}$$

$$x = \sqrt{2} \text{ のとき最大値} \sqrt{2} + 1$$

をそれぞれとる．

よって，

$$-\frac{5}{4} \leqq y \leqq \sqrt{2} + 1$$

76　第 3 章　章末問題解答

3.5　$t = 2^x$ とすれば，
$2^{-1} \leqq 2^x \leqq 2^2$ より，
$$\frac{1}{2} \leqq t \leqq 4$$
である．また，
$$4^x = (2^2)^x = 2^{2x} = (2^x)^2 = t^2$$
$$2^{x+2} = 2^x 2^2 = 4t$$
より，
$$y = -t^2 + 4t + 2 = -(t-2)^2 + 6$$
を得る．
　よって，$t = 2 \,(\Leftrightarrow x = 1)$ のとき，最大値 6 を与える．
　一方，最小値は，t の範囲の中でグラフの軸 $(t = 2)$ から最も遠いところで与えられる．よって，$t = 4 \,(\Leftrightarrow x = 2)$ のときに最小値 2 をとる．
　以上により，
$$\text{最大値 } 6 \quad (x = 1 \text{ のとき})$$
$$\text{最小値 } 2 \quad (x = 2 \text{ のとき})$$

3.6　$x = \log_3 a$,
$y = \log_5 a = \dfrac{\log_3 a}{\log_3 5}$ より，
$$\frac{1}{x} + \frac{1}{y} = \frac{1}{\log_3 a} + \frac{1}{\dfrac{\log_3 a}{\log_3 5}}$$
$$= \frac{1 + \log_3 5}{\log_3 a}$$

ゆえに，
$$\frac{1}{x} + \frac{1}{y} = 2 \;\Leftrightarrow\; \frac{1 + \log_3 5}{\log_3 a} = 2$$
より，
$$2 \log_3 a = 1 + \log_3 5$$
$$= \log_3 3 + \log_3 5 = \log_3 15$$
$$\log_3 a = \frac{1}{2} \log_3 15 = \log_3 15^{\frac{1}{2}}$$
よって，$a = \sqrt{15}$

3.7　$\log_2 \dfrac{x+1}{y+3} = -1$ より
$$\frac{x+1}{y+3} = \frac{1}{2}$$
$$\Leftrightarrow\; y = 2x - 1 \,(y \neq -3)$$
これを第一式に代入すると，
$$8 \cdot 3^x - 3^{2x-1} + 27 = 0$$
を得る．$3^x = t$ とすれば，
$$8t - \frac{1}{3} t^2 + 27$$
$$= -\frac{1}{3}(t^2 - 24t - 81)$$
$$= -\frac{1}{3}(t - 27)(t + 3) = 0$$
$t = 3^x > 0$ より $t = 27$ である．すなわち
$$x = 3, \; y = 5$$
（このとき，確かに $y \neq -3$ である．）

第4章

微分，特に合成関数の微分

　静かな水面に水滴を一滴落とすと波紋は円形に拡がる．半径 r の円の面積は $A(r) = \pi r^2$ であるから，時刻 t における円形の波紋の半径を $r(t)$ とすると，その面積は $A(r(t)) = A \circ r(t)$ で与えられる．したがって，面積の時間変化は，合成関数 $A \circ r(t)$ の t に関して微分することで得られる．このように，合成関数の微分はごく自然に登場するものである．本章では，特に合成関数の微分計算に重きをおいて，関数の微分計算全体を概観する．

▌1　微分

1.1　極限値と微分係数

平均変化率と微分係数

　関数 $y = f(x)$ について，x が a から $a+h$（ただし，$h \neq 0$）まで変化するときの

$$y \text{ の変化量 } f(a+h) - f(a) \quad \text{と} \quad x \text{ の変化量 } h$$

の比

$$\frac{f(a+h) - f(a)}{h}$$

を，x が a から $a+h$ まで変化したときの $f(x)$ の平均変化率という．h を 0 に限りなく近づけたとき，平均変化率が一定の値に近づくとき，その値を微分係数といい

$$f'(a)$$

78   第4章 微分，特に合成関数の微分

と書く (いわば，究極の瞬間変化率である)．極限の記号 (lim) を用いて書けば，

$$f'(a) = \lim_{h \to 0} \frac{f(a+h) - f(a)}{h}$$

となる．あるいは，$b = a + h$ とおいて，

$$f'(a) = \lim_{b \to a} \frac{f(b) - f(a)}{b - a}$$

と書くこともある．

問 4.1   関数 $f(x) = 2x^2$ について，次の各問に答えよ．
(1) x の値が 2 から $2 + h$ まで変化するときの平均変化率を求めよ．
(2) $x = 2$ における微分係数 $f'(2)$ を求めよ．

直線上を運動する物体の起点から移動した距離 f を時間変数 t の関数 $f(t)$ として表すことにする．このとき，物体の平均速度は観測時間を h として，

$$\frac{f(t+h) - f(t)}{h}$$

となる．これより，平均速度，および速度 (瞬間の速度) は関数 $f(t)$ の平均変化率，および微分係数に対応している．

問 4.2   次の極限値を求めよ．
(1) $f(x) = x^3$ とするとき，$\displaystyle \lim_{h \to 0} \frac{f(3+h) - f(3)}{h}$
(2) $f(x) = \sqrt{x}$ とするとき，$\displaystyle \lim_{h \to 0} \frac{f(1+h) - f(1)}{h}$

接線の傾きと微分係数

関数 $y = f(x)$ で定義される平面上の曲線 C と曲線 C 上の点 P $(a, f(a))$ について，点 P を通る接線を考える．直観的に接線とは曲線 C に点 P で接する直線である．数学的には，点 P に十分近い他の点 Q $(b, f(b))$ をとり，図 4.1 (a) のように 2 点 P, Q を通る直線 (割線) を考え，点 Q を点 P に限りなく近づけたときの割線の極限を曲線 C の接線と定義する．割線の傾きは $\dfrac{f(b) - f(a)}{b - a}$ であるから，接線の傾きは

$$\lim_{b \to a} \frac{f(b) - f(a)}{b - a}$$

であり，これは点 P での関数 $y = f(x)$ の微分係数に他ならない．接線上の点 X (x, y) について，直線の傾き $f'(a)$ は $\dfrac{y - f(a)}{x - a}$ と一致する．したがって，接線の方程式は

$$y = f'(a)(x - a) + f(a)$$

である (図 4.1 (b))．

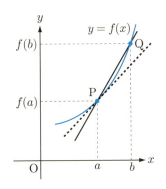 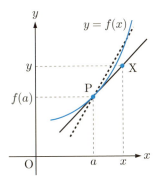

(a) 点 P と点 Q を通る割線
$y = \dfrac{f(b) - f(a)}{b - a}(x - a) + f(a)$
(点線は接線)

(b) 点 P における接線
$y = f'(a)(x - a) + f(a)$
(点線は割線)

図 4.1

問 4.3 点 $(1, 1)$ における次の関数 $y = f(x)$ の接線の方程式を求めよ．

(1) $f(x) = x^2$ (2) $f(x) = \dfrac{1}{\sqrt{x}}$

1.2 導関数

導関数を表す記号

各点 x に，その点での関数 $f(x)$ の微分係数の値 $f'(x)$ を対応させる関数を導関数という．したがって，

$$f'(x) = \lim_{h \to 0} \frac{f(x + h) - f(x)}{h}$$

80　第4章　微分，特に合成関数の微分

である．このとき，次のものはすべて同じものを表す記号である．

$$f'(x), \quad \frac{df}{dx}, \quad \frac{df}{dx}(x), \quad y', \quad \frac{dy}{dx}$$

関数 $f(x)$ の導関数を求めることを関数 $f(x)$ を微分するという．また，導関数が存在するとき関数 $y = f(x)$ は微分可能であるという．

例 4.1　$(\sqrt{x+1})' = \dfrac{1}{2\sqrt{x+1}}$

実際，有理化により

$$\begin{aligned}
(\sqrt{x+1})' &= \lim_{h \to 0} \frac{\sqrt{x+h+1} - \sqrt{x+1}}{h} \\
&= \lim_{h \to 0} \frac{(\sqrt{x+h+1} - \sqrt{x+1})(\sqrt{x+h+1} + \sqrt{x+1})}{h(\sqrt{x+h+1} + \sqrt{x+1})} \\
&= \lim_{h \to 0} \frac{1}{\sqrt{x+h+1} + \sqrt{x+1}} \\
&= \frac{1}{2\sqrt{x+1}}
\end{aligned}$$

関数 $f(x) = x^n$ と定数関数 $f(x) = c$ の導関数

$$(x^n)' = nx^{n-1} \quad (n \text{ は自然数}), \qquad (c)' = 0$$

問 4.4　導関数の定義にしたがって，

$$(x^4)' = 4x^3$$

が成り立つことを示せ．

関数の定数倍および和，差の導関数

① $(af(x))' = af'(x)$　（ただし，a は定数）

② $(f(x) + g(x))' = f'(x) + g'(x)$

$(f(x) - g(x))' = f'(x) - g'(x)$

③ $(af(x) + bg(x))' = af'(x) + bg'(x)$　（ただし，a, b は定数）

問 4.5　次の関数を微分せよ．
(1) $y = 2x^2 - 3x$　　(2) $y = 3(x-1)^3$

コラム 3 (円の面積と周長の関係)　半径 r の円の面積を r で微分すると，その導関数は周長となる．
$$(\pi r^2)' = \lim_{h \to 0} \frac{\pi(r+h)^2 - \pi r^2}{h} = \lim_{h \to 0} (2\pi r + \pi h) = 2\pi r$$
この結果は次のように考えることができる．$r_1 = \dfrac{(r+h)+r}{2}$ とおくと，第 2 式の分子は $2\pi r_1 h$ となり，半径 $r+h$ と r の同心円で囲まれた部分 D の面積が，二つの同心円のちょうど真ん中にある半径 r_1 の円の周長 $2\pi r_1$ と D の幅 h の積で表される (図 4.2)．

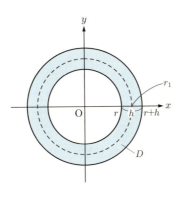

図 4.2

変化量はこの半径に一致するので，h を 0 に近づけることにより，円の面積を半径について微分することで円の周長が得られる．

82　　第 4 章　微分，特に合成関数の微分

問 4.6　次の各問に答えよ.
(1) 半径 r の球の体積 V を r で微分すると何を得るか.
(2) 高さ h_0 から垂直上方向へ初速 v_0 で投げ上げられた物体の時刻 t での位置 h は $h = h_0 + v_0 t - \dfrac{1}{2} g t^2$ で表示される．このとき，物体の速度 v を求めよ．ただし，g は重力加速度である．また，速度が 0 となる時刻 t_0 を求めよ．

関数の積の導関数

$$④ \ (f(x)g(x))' = f'(x)g(x) + f(x)g'(x)$$

この公式については第 4 節の「関数の積 $y = f(x)g(x)$ の微分」の項 (90 ページ) で説明する．

問 4.7　次の関数を微分せよ.
(1) $y = (3x + 7)(5x^2 + 2x)$　　　(2) $y = (x^2 - 3)(4x^2 + 6)$

例 4.2　三つの関数の積 $y = f(x)g(x)h(x)$ の微分についても，④を繰り返し用いることにより，以下のように計算できる．

$$(f(x)g(x)h(x))' \overset{(*)}{=} (f(x)\,g(x)h(x)\,)'$$

$$= f'(x)\,g(x)h(x) + f(x)(\,g(x)h(x)\,)'$$

$$= f'(x)g(x)h(x) + f(x)(g'(x)h(x) + g(x)h'(x))$$

$$= f'(x)g(x)h(x) + f(x)g'(x)h(x) + f(x)g(x)h'(x)$$

最初の等号 $(*)$ において，二つの関数を

$$(f(x)g(x)h(x))' = (\,f(x)g(x)\,h(x))'$$

のようにまとめたと考えても同じ結果を得ることは簡単にわかる．

関数の商の導関数

$$⑤ \ \left(\frac{1}{g(x)} \right)' = -\frac{g'(x)}{g(x)^2}$$

$$⑥ \quad \left(\frac{f(x)}{g(x)}\right)' = \frac{f'(x)g(x) - f(x)g'(x)}{g(x)^2}$$

注 4.3 ⑤は実用上重要であるが，⑥において $f(x) \equiv 1$ とした特別な場合であるから，⑥を定義に従って証明して，⑤は不要という考えもあり得る．

一方，⑥を⑤と積の微分④を使って，

$$\left(\frac{f(x)}{g(x)}\right)' = \left(f(x)\frac{1}{g(x)}\right)' = f'(x)\frac{1}{g(x)} + f(x)\left(\frac{1}{g(x)}\right)'$$

のような変形から導出することもできる．そうすると，⑤を定義に従って証明しておけば，定義通りに⑥を証明する必要がなくなり，むしろ⑥が不要に見えてくる．こちらの考えに従って，⑤を定義通りに証明しておこう．

$$\left(\frac{1}{g(x)}\right)' = \lim_{h \to 0} \frac{1}{h}\left(\frac{1}{g(x+h)} - \frac{1}{g(x)}\right)$$

$$= \lim_{h \to 0} \frac{1}{h}\frac{g(x) - g(x+h)}{g(x+h)g(x)}$$

$$= -\lim_{h \to 0} \frac{g(x+h) - g(x)}{h} \lim_{h \to 0} \frac{1}{g(x+h)g(x)}$$

$$= -\frac{g'(x)}{g(x)^2}$$

例 4.4 $\left(\dfrac{4x+5}{x+1}\right)' = -\dfrac{1}{(x+1)^2}$ である．

例えば次の二つの解法が考えられる．

(1) 商の微分⑥を使って，

$$y' = \frac{(4x+5)'(x+1) - (4x+5)(x+1)'}{(x+1)^2}$$

$$= \frac{4(x+1) - (4x+5)}{(x+1)^2}$$

$$= -\frac{1}{(x+1)^2}$$

84　第 4 章　微分，特に合成関数の微分

(2) 与えられた関数を変形してから商の微分⑤を使って，

$$y' = \left(\frac{4(x+1)+1}{x+1} \right)'$$

$$= \left(4 + \frac{1}{x+1} \right)'$$

$$= -\frac{(x+1)'}{(x+1)^2} = -\frac{1}{(x+1)^2}$$

関数の形によって，(1) と (2) のどちらかの方法を選択すればよい．

問 4.8　次の関数を微分せよ．

(1) $y = \dfrac{1}{2x-1}$　　　(2) $y = \dfrac{x^2+x+1}{x^2+3}$

x^a の導関数 (a は実数)

$$⑦ \quad (x^a)' = ax^{a-1} \quad (x > 0)$$

問 4.9　次の関数を微分せよ．

(1) $y = \dfrac{1}{4}x^{-4} + \dfrac{2}{x^7}$　　　(2) $y = \sqrt[3]{x}(\sqrt{x} + \sqrt[4]{x})$　　　(3) $y = \dfrac{2}{\sqrt{x+1}+\sqrt{x}}$

2　グラフの概形を描く

2.1　接線の方程式

　微分の考え方を利用して，関数から定まるグラフの概形を描く方法を説明する．そのために関数のいくつかの性質を述べ，それらを微分を用いて定式化する．すでに説明したことではあるが，まず曲線の接線を考える．

　曲線 $y = f(x)$ 上の点 $(a, f(a))$ における接線の傾きは $f'(a)$ となり，接線の方程式は，

$$y - f(a) = f'(a)(x-a)$$

で与えられた.

グラフの特徴の一つとして関数の増加, 減少を説明し, その特徴付けを接線または微分係数の言葉を用いて示す.

第1章で説明したように, 関数 $y = f(x)$ が定義域内のすべての a と b において, $a < b$ ならば $f(a) \leqq f(b)$ を満たすとき, 関数 $y = f(x)$ は増加する, あるいは増加関数である, という. そして, $a < b$ ならば $f(a) \geqq f(b)$ を満たすとき, 関数 $y = f(x)$ は減少するあるいは減少関数である, という. このような関数を総称して単調関数という. また, 等号が成り立たないとき狭義単調関数という.

微分可能な関数 $f(x)$ が増加関数ならば, その微分係数は

$$f'(a) = \lim_{h \to 0} \frac{f(a+h) - f(a)}{h} \geqq 0$$

を満たす. 減少関数ならば $f'(a) \leqq 0$ である.

逆に, 次のように微分係数の符号から関数の増減がいえる.

便利な判定法 (微分係数の符号と関数の増減)

(1) $f'(x) > 0$ となる x の範囲で $f(x)$ は (狭義) 増加関数である

(2) $f'(x) < 0$ となる x の範囲で $f(x)$ は (狭義) 減少関数である

(3) $f'(x) = 0$ となる x の範囲で $f(x)$ は定数関数である

$f'(x)$ は接線の傾きであることに注意して, (狭義) 増加関数, (狭義) 減少関数のグラフはそれぞれ「右上がり」,「右下がり」と表現できる (図 4.3). しかし, これは直観的な表現であって, 数学的な表現ではない.

第 4 章 微分，特に合成関数の微分

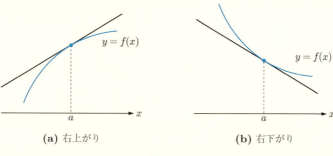

(a) 右上がり   **(b)** 右下がり

図 4.3

2.2 関数の増減と極大・極小

関数 $y = f(x)$ の定義域内の 1 点 $x = a$ について，十分小さい任意の $h \neq 0$ に対して $f(a) > f(a+h)$ ($f(a) < f(a+h)$) となるとき，関数 $f(x)$ は $x = a$ において極大 (極小) であるといい，$f(a)$ の値を関数 $f(x)$ の極大値 (極小値)，あわせて極値という．関数 $f(x)$ のグラフをみると，$x = a$ で増加から減少に変化するとき $x = a$ で $f(x)$ は極大，また，減少から増加に変化するとき極小となることがわかる (図 4.4)．

便利な判定法 (微分係数の符号変化と極値)
(1) $f'(x)$ の符号が $x = a$ で正から負に変わるとき $f(a)$ は極大値
(2) $f'(x)$ の符号が $x = a$ で負から正に変わるとき $f(a)$ は極小値

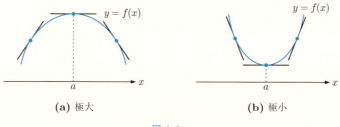

(a) 極大   **(b)** 極小

図 4.4

$f(a)$ が極値であれば，$f'(a) = 0$ である．しかし，その逆はいつも正しい

とは限らない. 例えば, $f(x) = x^3$ は $x = 0$ で $f'(0) = 0$ となるが $f(0)$ は極値ではない. (グラフを描いて確認してみよう.)

便利な判定法 (極値をとる点の候補)

$f'(x) = 0$ を満たす x は極値をとる点の候補である.

例題 4.5 $y = x^3 - \dfrac{3}{2}x^2 - 6x$ の極値を求めよ.

答 $y' = 3x^2 - 3x - 6 = 3(x+1)(x-2)$ より, $y' = 0$ の解は $x = -1,\ 2$ であり,

$$x < -1,\ 2 < x \text{ のとき } y' > 0$$

$$-1 < x < 2 \text{ のとき } y' < 0$$

である. これより y' は,

$$x < -1,\ 2 < x \text{ のとき増加}$$

$$-1 < x < 2 \text{ のとき減少}$$

である. よって, 以下の増減表を得る.

x	$\cdots$	-1	$\cdots$	2	$\cdots$
y'	$+$	0	$-$	0	$+$
y	$\nearrow$	$\dfrac{7}{2}$	$\searrow$	-10	$\nearrow$

これより, $x = -1$ で極大となり極大値は $\dfrac{7}{2}$ で, $x = 2$ で極小となり極小値は -10 である.   終

関数 $y = f(x)$ の増加, 減少は, 上の例のように増減表を用いるとよく理解できる. また, 極値を与える点も, 増減表から見出すことができる.

増減表とグラフ

関数のグラフを描くには, 増減表を作り, 関数の増減や極値を調べればよい. 増減表をもとに上の例題のグラフを描くと, 図 4.5 のようになる. 増減

表の矢印がグラフの概形を示唆していることを確認してほしい．

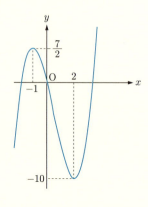

図 4.5

問 4.10　次の関数の増減表を作り，極値を求めよ．
(1) $y = x^3 - 3x - 2$　　(2) $y = -x^3 + 3x^2 + 2$

例題 4.6　$y = x^3 + 3x^2 + 3x + 2$ のグラフを描け．

答　$y' = 3x^2 + 6x + 3 = 3(x+1)^2$ より，$y' = 0$ の解は，$x = -1$ であり，増減表は

x	$\cdots$	-1	$\cdots$
y'	$+$	0	$+$
y	↗	1	↗

となる．($y' = 0$ の解 $x = -1$ は，極値を与える点ではない．)

これより，図 4.6 を得る．

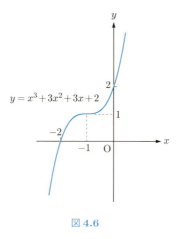

図 4.6

問 4.11　問 4.10 の各関数のグラフを描け．

3　合成関数の再考

　前節でみたように，グラフの概形を描くには，導関数を求める必要があり，増減表はとても有用であった．例えば，関数 $f(x) = (x+3)^{\sqrt{2}}$ に対して，$y = f(x)$ のグラフを描くことを考えよう．それには，$f(x)$ を微分する必要がある．

　ところで，この関数 $y = f(x)$ のグラフは $y = x^{\sqrt{2}}$ を x 方向に -3 移動したものと一致する．その移動を関数 $p(x) = x+3$ と表示しよう．一方，$q(u) = u^{\sqrt{2}}$ とすれば $f(x) = q(x+3) = q(p(x))$ となる．すなわち，関数 f は p と q の合成関数として $f(x) = q \circ p(x)$ と表される．

　関数 f の導関数 f' は，①から⑦のいずれの微分計算で求めることは (このままでは) できないが，関数 p や q のそれぞれの導関数 p' と q' は，定数の微分や，①と⑦の微分計算で求めることができる．

　以降，合成関数 $f(x) = q \circ p(x)$ の微分計算は，合成関数を構成する関数 p

90   第4章 微分，特に合成関数の微分

と q の基本的な微分計算の組み合わせで計算できることをみていく．本章の
メインテーマである．

▌4 合成関数の微分の導入

合成関数の微分を，変化率の極限として直観的に捉えてみよう．

関数 $y = f(x)$ の微分

関数 $y = f(x)$ を微分するとは，十分小さい x の変化量 Δx と，y の変化
量 $\Delta y = f(x + \Delta x) - f(x)$ との変化率 $\dfrac{\Delta y}{\Delta x}$ の極限計算であった．

$$\frac{\Delta y}{\Delta x} \to \frac{dy}{dx} = f'(x) \qquad (\Delta x \to 0)$$

関数の積 $y = f(x)g(x)$ の微分

$\Delta y = f(x + \Delta x)g(x + \Delta x) - f(x)g(x)$ として，

$$\frac{\Delta y}{\Delta x} = \frac{f(x + \Delta x)g(x + \Delta x) - f(x)g(x)}{\Delta x}$$

$$= \frac{f(x + \Delta x) - f(x)}{\Delta x}g(x + \Delta x) + f(x)\frac{g(x + \Delta x) - g(x)}{\Delta x}$$

と変形できるので，

$$\frac{\Delta y}{\Delta x} \to f'(x)g(x) + f(x)g'(x) \qquad (\Delta x \to 0)$$

合成関数 $y = f(g(x))$ の微分

$u = g(x)$ として，

$$\Delta u = g(x + \Delta x) - g(x)$$

$$\Delta y = f(g(x + \Delta x)) - f(g(x)) = f(u + \Delta u) - f(u)$$

より，

$$\frac{\Delta y}{\Delta x} = \frac{\Delta y}{\Delta u}\frac{\Delta u}{\Delta x} = \frac{f(u + \Delta u) - f(u)}{\Delta u}\frac{g(x + \Delta x) - g(x)}{\Delta x}$$

と変形できるので，

$$\frac{\Delta y}{\Delta x} \to f'(u)g'(x) = f'(g(x))g'(x) \qquad (\Delta x \to 0)$$

こうして，合成関数の微分を得る．

合成関数の微分

$$⑧ \ (f(g(x)))' = f'(g(x))g'(x)$$

ここで，$f'(g(x))$ は $f(u)$ を u で微分した後で u のかわりに $g(x)$ を代入したものである．

合成関数の微分計算をもう少し丁寧に書いてみよう．

$$
\begin{aligned}
(f(g(x)))' &= \lim_{\Delta x \to 0} \frac{f(g(x+\Delta x)) - f(g(x))}{\Delta x} && \text{(微分の定義)}\\
&\overset{(1)}{=} \lim_{\Delta x \to 0} \frac{f(u+\Delta u) - f(u)}{\Delta u} \cdot \frac{g(x+\Delta x) - g(x)}{\Delta x}\\
&\overset{(2)}{=} \lim_{\Delta u \to 0} \frac{f(u+\Delta u) - f(u)}{\Delta u} \lim_{\Delta x \to 0} \frac{g(x+\Delta x) - g(x)}{\Delta x}\\
&= f'(u)g'(x) && \text{(微分の定義)}\\
&= f'(g(x))g'(x) && (u = g(x) \text{ を代入})
\end{aligned}
$$

注 4.7 上の極限計算は問題なさそうに見えるが，数学的に正当化するには，(1) と (2) の等号について，吟味しなければならない．

(1) $\Delta x \neq 0$ のとき，$\Delta u = g(x+\Delta x) - g(x) \neq 0$ であるか？

$\Delta u = g(x+\Delta x) - g(x)$ であるので，$\Delta u \neq 0$ であれば，(1) の変形は単に分母分子に同じものを掛けただけである．一方，Δx が 0 に近づく途中，つまりある $\Delta x \neq 0$ に対して，$\Delta u = 0$ となる可能性は否定できない．しかし，(1) の変形で若干の工夫をすれば，この可能性を回避できることが知られている．

(2) $\Delta x \to 0$ のとき，$\Delta u = g(x+\Delta x) - g(x) \to 0$ であるか？

答えが「はい」となる性質をもつ関数 $g(x)$ は x で連続な関数である

92   第4章　微分，特に合成関数の微分

(第1章 2.4節). 明示していないが f も g も微分可能な関数である. そして, 一般に次の事実が知られている.

微分可能な関数は連続である.

▎5　合成関数の微分 (計算)

関数 $y = f(u)$ と $u = g(x)$ から得られる合成関数 $y = f(g(x))$ について, 公式⑧は, 分数計算のように簡単に表現できる.

合成関数の微分

$$⑨ \quad \frac{dy}{dx} = \frac{dy}{du}\,\frac{du}{dx}$$

この関係式が成り立つことは前節で述べた分数計算

$$\frac{\Delta y}{\Delta x} = \frac{\Delta y}{\Delta u}\,\frac{\Delta u}{\Delta x}$$

に由来している. また, $u = g(x)$ であるから,

$$(f(g(x)))' = \frac{d}{dx}f(g(x)) = \frac{d}{dx}f(u) = \frac{df}{du}(u)\,\frac{dg}{dx}(x)$$

とみることもできる.

例題 4.8　次の関数を, 合成関数の微分⑨ を用いて微分せよ.

$$(1)\ y = (3x-2)^2 \qquad (2)\ y = \sqrt{(5-2x)^3}$$

答　(1) $u = 3x - 2$ とおくと $y = u^2$ である. 合成関数の微分⑨より,

$$\frac{dy}{dx} = \frac{dy}{du}\,\frac{du}{dx} = \frac{d}{du}u^2\,\frac{d}{dx}(3x-2) = 2u \cdot 3 = 6(3x-2)$$

(2) $u = 5 - 2x$ とおくと $y = \sqrt{u^3} = u^{\frac{3}{2}}$ である. 合成関数の微分⑨より,

$$\frac{dy}{dx} = \frac{dy}{du}\,\frac{du}{dx} = \frac{d}{du}u^{\frac{3}{2}}\,\frac{d}{dx}(5-2x) = \frac{3}{2}u^{\frac{1}{2}} \cdot (-2) = -3\sqrt{5-2x}$$

終

5　合成関数の微分 (計算)　　93

問 4.12　次の関数を，関数 $y = f(u)$ と関数 $u = g(x)$ の合成関数の形で表せ．
$(f(u)$ と $g(x)$ を具体的に記せ．)

(1) $y = (2x^2 - x + 5)^3$　　(2) $y = \sqrt[3]{(x - 4)^2}$

問 4.13　次の関数を微分せよ．

(1) $y = (2x^2 - x + 3)^2$　　(2) $y = \sqrt[4]{x^2 + x}$

例 4.9　方程式 $y^2 = x^2 + 1$ で表される x の関数 y の導関数を x と y で表示
する．両辺を x で微分して，

$$(y^2)' = (x^2 + 1)'$$

$$2yy' = 2x$$

より，$y' = \dfrac{x}{y}$ となる．

　通常，関数とは $y = f(x)$ の形のものをいう．一方，上の例の方程式は
$y^2 - x^2 - 1 = 0$ の形である．一般に $F(x, y) = 0$ のように，x に対して y が
「陰」な形で表されている関数を陰関数という．対して，$y = f(x)$ は x に対
して y が明示的，すなわち「陽」な形で表されているので陽関数とよべるが，
通常，単に関数とよぶ．方程式 $F(x, y) = 0$ はいつも y について「陽」に解
けるとは限らない．例えば $x - y - \log y = 0$ は y について解けない．また，
解けたとしても一つの x に対して一つの y が定まるとは限らない．例えば例
4.9 の方程式は，$y = \pm\sqrt{x^2 + 1}$ であるが，一つの x に対して二つの y が定
まる (図 4.7).

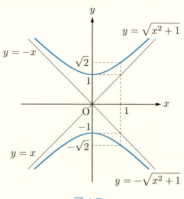

図 4.7

5.1 いろいろな関数の微分法

本節では，三角関数，指数関数，対数関数の導関数について述べる．

三角関数の微分の出発点

$$\lim_{h \to 0} \frac{\sin h}{h} = 1 \tag{4.1}$$

(4.1) を示そう．まず，$0 < h < \dfrac{\pi}{2}$ とし，図 4.8 のような二つの三角形と扇形の面積を比較する．

$$\triangle \mathrm{OAB} < 扇型\,\mathrm{OAB} < \triangle \mathrm{OTB}$$

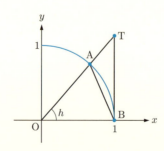

図 4.8

これより，次の不等式を得る．
$$\frac{1}{2}\sin h < \frac{h}{2} < \frac{1}{2}\tan h$$
辺々を $\dfrac{\sin h}{2} > 0$ で割り，式変形すると
$$\cos h < \frac{\sin h}{h} < 1$$
となる．$h \to +0$ のとき，$\cos h \to 1$ であるから，はさみうちの原理より，$\displaystyle\lim_{h \to +0}\frac{\sin h}{h} = 1$ が示される．(右側極限 $h \to +0$ については付録 C 第1.2節を，はさみうちの原理については付録 C 第1.3節を参照．)

$h < 0$ のときは，正弦関数が奇関数であることと今の結果を用いる．すなわち，$h = -k\ (k > 0)$ とおいて，$\sin h = \sin(-k) = -\sin k$ を用いて，
$$\lim_{h \to -0}\frac{\sin h}{h} = \lim_{k \to +0}\frac{\sin(-k)}{-k} = \lim_{k \to +0}\frac{\sin k}{k} = 1$$
を得る．

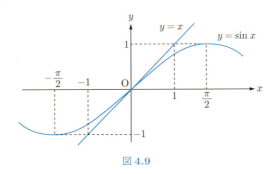

図 4.9

例題の結果は，
$$x\ \text{は}\ 0\ \text{に十分近い} \quad \Rightarrow \quad \sin x\ \text{と}\ x\ \text{は十分に近い}$$
ことを示している．

図 4.9 において，$y = \sin x$ のグラフは原点付近で $y = x$ とほぼ重なって見えることから，定性的に (4.1) は納得できよう．

96　第 4 章　微分，特に合成関数の微分

また，次の問を通じて定量的にも納得できるだろう．

問 4.14　下の表を計算機 (電卓) を用いて完成させよ．

x	$\sin x$	$\dfrac{\sin x}{x}$
0.1		
0.01		
0.001		
0.0001		

ところで，

$$X \text{ は } 0 \text{ に十分近い} \quad \Rightarrow \quad \sin X \text{ と } X \text{ は十分に近い}$$

において，X に x 以外の関数を入れてもよい．例えば，

$$2x \text{ は } 0 \text{ に十分近い} \quad \Rightarrow \quad \sin 2x \text{ と } 2x \text{ は十分に近い}$$

$$3x \text{ は } 0 \text{ に十分近い} \quad \Rightarrow \quad \sin 3x \text{ と } 3x \text{ は十分に近い}$$

これより，

$$x \text{ は } 0 \text{ に十分近い} \quad \Rightarrow \quad 2x \text{ と } 3x \text{ は } 0 \text{ に十分近い}$$

$$\Rightarrow \quad \frac{\sin 2x}{\sin 3x} \text{ と } \frac{2x}{3x} = \frac{2}{3} \text{ は十分に近い}$$

ことがわかる．

この直観は，数学的には以下のような式変形として示される．

例題 4.10　$\displaystyle\lim_{x \to 0} \frac{\sin 2x}{\sin 3x} = \frac{2}{3}$ を示せ．

答

$$\lim_{x \to 0} \frac{\sin 2x}{\sin 3x} = \lim_{x \to 0} \frac{2x}{3x} \frac{\sin 2x}{2x} \frac{3x}{\sin 3x} \qquad (x \to 0 \text{ において，} x \neq 0 \text{ である})$$

$$= \lim_{x \to 0} \frac{2x}{3x} \lim_{x \to 0} \frac{\sin 2x}{2x} \lim_{x \to 0} \frac{3x}{\sin 3x}$$

$$= \frac{2}{3} \lim_{X \to 0} \frac{\sin X}{X} \lim_{Y \to 0} \frac{Y}{\sin Y} \qquad (X = 2x,\ Y = 3y \text{ とおいた})$$

$$= \frac{2}{3} \lim_{X \to 0} \frac{\sin X}{X} \frac{1}{\displaystyle \lim_{Y \to 0} \frac{\sin Y}{Y}}$$

$$= \frac{2}{3} \cdot 1 \cdot \frac{1}{1} = \frac{2}{3}$$

終

三角関数の微分

$$(\sin x)' = \cos x, \qquad (\cos x)' = -\sin x, \qquad (\tan x)' = \frac{1}{\cos^2 x}$$

$(\sin x)'$ は三角関数の加法定理と (4.1) により証明される.

$$(\sin x)' = \lim_{h \to 0} \frac{\sin(x+h) - \sin x}{h}$$

$$= \lim_{h \to 0} \frac{\sin\left(\left(x+\frac{h}{2}\right) + \frac{h}{2}\right) - \sin\left(\left(x+\frac{h}{2}\right) - \frac{h}{2}\right)}{h}$$

$$= \lim_{h \to 0} \frac{2 \sin \frac{h}{2} \cos\left(x + \frac{h}{2}\right)}{h}$$

$$= \lim_{k \to 0} \frac{\sin k}{k} \lim_{h \to 0} \cos\left(x + \frac{h}{2}\right) \qquad \left(k = \frac{h}{2} \text{ とおいた}\right)$$

$$= \cos x$$

導出の仕方はこればかりではない. 例えば,

$$\sin(x+h) = \sin x \cos h + \cos x \sin h$$

$$= \sin x\left(1 - 2\sin^2 \frac{h}{2}\right) + \cos x \sin h$$

のように変形してもよい.

$(\cos x)' = -\sin x$ も同様に導出される.

$(\tan x)'$ は⑥より,

$$(\tan x)' = \left(\frac{\sin x}{\cos x}\right)'$$

98　第4章　微分，特に合成関数の微分

$$= \frac{(\sin x)' \cos x - \sin x (\cos x)'}{\cos^2 x}$$

$$= \frac{1}{\cos^2 x}$$

例題 4.11　$y = \sin(2x + 3)$ を微分せよ．

答　$y = \sin u$ と $u = 2x + 3$ の合成関数とみなして，合成関数の微分⑨を適用する．

$$\frac{dy}{dx} = \frac{dy}{du} \frac{du}{dx} = \frac{d}{du} \sin u \frac{d}{dx}(2x + 3) = 2 \cos u = 2 \cos(2x + 3)$$

終

この例題の考えを使って，$(\cos x)'$ を求めることもできる．実際，$\cos x = \sin\left(x + \frac{\pi}{2}\right)$ を微分して，

$$(\cos x)' = \left(\sin\left(x + \frac{\pi}{2}\right)\right)' = \cos\left(x + \frac{\pi}{2}\right) \cdot \left(x + \frac{\pi}{2}\right)' = -\sin x$$

自然対数の底 e の定義

$y = a^x \ (a > 1)$ の y 切片における接線の傾きを 1 にするような a を e とおく．すなわち，

$$\lim_{h \to 0} \frac{a^{0+h} - a^0}{h} = \lim_{h \to 0} \frac{a^h - 1}{h} = 1 \tag{4.2}$$

となる a を e とする．

一番簡単な e の定義だが，e を直接的に定義していないため，値が不明瞭である．実際，e は無理数であり $e = 2.71828\cdots$ となる．

関係式 $y = e^x$ が成り立つとき，$x = \log_e y$ と表示する．$y = \log_e x$ を対数関数といい，e を自然対数の底という．この定義から対数関数は指数関数の逆関数であり，すでに第1章や第3章で詳しく述べている．通常，底が e のときは底を表示しない．すなわち，$\log_e x = \log x$ とかく．e の定義については，次のコラムや付録 C を参照されたい．

コラム 4 (他の e の定義)　$y = \log_a x \ (a > 1)$ の $x = 1$ における接線の傾きを求めたい. すなわち,

$$\lim_{h \to 0} \frac{\log_a(1+h) - \log_a 1}{h} = \lim_{h \to 0} \log_a (1+h)^{\frac{1}{h}}$$

$$= \log_a \left(\lim_{h \to 0} (1+h)^{\frac{1}{h}} \right)$$

において,

$$e := \lim_{h \to 0} (1+h)^{\frac{1}{h}} \tag{4.3}$$

と定義すれば, 接線の傾きは $\log_a e$ となる. よって, $a = e$ のとき接線の傾きが 1 となる. これより,

$$(e^x)' = \lim_{h \to 0} \frac{e^{x+h} - e^x}{h} = e^x \lim_{h \to 0} \frac{e^h - 1}{h}$$

を得る. ここで,

$$\lim_{h \to 0} \frac{e^h - 1}{h} = \lim_{x \to 1} \frac{x - 1}{\log x} \quad (x = e^h)$$

$$= \lim_{t \to 0} \frac{t}{\log(1 + t)} \quad (t = x - 1)$$

$$= \lim_{t \to 0} \frac{1}{\log(1 + t)^{\frac{1}{t}}}$$

$$= \frac{1}{\log \left(\lim_{h \to 0} (1+h)^{\frac{1}{h}} \right)}$$

$$= \frac{1}{\log e} = 1$$

であるから, $(e^x)' = e^x$ となる.

　大学数学における e の定義は, 以下のどちらかである.

$$e := \lim_{n \to \infty} \left(1 + \frac{1}{n} \right)^n, \quad e := \sum_{n=0}^{\infty} \frac{1}{n!}$$

いずれの定義を採用してもよい. 前者の定義から, $\displaystyle \lim_{h \to 0} \frac{e^h - 1}{h}$ を導く

100   第 4 章 微分，特に合成関数の微分

ことは付録 C で述べる．

指数関数の微分

$$(e^x)' = e^x, \qquad (a^x)' = a^x \log a \quad (a > 0, \ a \neq 1)$$

(4.2) より，

$$(e^x)' = \lim_{h \to 0} \frac{e^{x+h} - e^x}{h} = e^x \lim_{h \to 0} \frac{e^h - 1}{h} = e^x$$

を得る．また，$y = e^x$ のとき，$x = \log y$ に注意すれば，関係式 $y = e^{\log y}$ を得る．合成関数の微分⑧を用いて，

$$(a^x)' = \left(e^{\log a^x}\right)' = \left(e^{x \log a}\right)' = e^{x \log a} (x \log a)' = a^x \log a \qquad (4.4)$$

対数関数の微分

$$(\log x)' = \frac{1}{x}, \qquad (\log_a x)' = \frac{1}{x \log a} \quad (a > 0, \ a \neq 1)$$

コラム 4 の (4.3) を用いて，$(\log x)' = \dfrac{1}{x}$ を示すことができる (逆関数の微分を用いた導出については後述の例題 4.15 参照．)．実際，

$$\lim_{h \to 0} \frac{\log(x + h) - \log x}{h} = \lim_{h \to 0} \frac{1}{h} \log \left(1 + \frac{h}{x}\right)$$

$$= \frac{1}{x} \lim_{h \to 0} \log \left(1 + \frac{h}{x}\right)^{x/h} \quad (k = h/x)$$

$$= \frac{1}{x} \lim_{k \to 0} \log (1 + k)^{1/k} \quad ((4.3))$$

$$= \frac{1}{x}$$

5 合成関数の微分 (計算) 101

また，対数の底の変換により，

$$(\log_a x)' = \left(\frac{\log x}{\log a} \right)' = \frac{1}{\log a}(\log x)' = \frac{1}{x \log a}$$

例 **4.12**　実数 a について，合成関数の微分より，

$$(x^a)' = \left(e^{\log x^a} \right)' = \left(e^{a \log x} \right)' = e^{a \log x}(a \log x)' = x^a \frac{a}{x} = ax^{a-1}$$

例題 **4.13**　$y = x^2(\log x - 1)$ を微分せよ．

答　積の微分④を用いると，

$$y' = (x^2)'(\log x - 1) + x^2(\log x - 1)'$$

$$= 2x(\log x - 1) + x^2 \frac{1}{x} = x(2 \log x - 1)$$

終

問 **4.15**　次の関数を微分せよ．

(1) $y = \sin x - 2e^x$　　(2) $y = \log x + \tan x$　　(3) $y = 2 \cos x + 3 \log_2 x$

問 **4.16**　次の関数を微分せよ．

(1) $y = 2^x \log(x - 3)$　　(2) $y = e^{2x} \log \sqrt{x}$　　(3) $y = \cos 2x \tan 3x$

例題 **4.14**　関数 $y = f(x)$ が $f(x) > 0$ を満たすとき，$(\log f(x))' = \dfrac{f'(x)}{f(x)}$ が成り立つことを示せ．

答　$u = \log f(x)$ とすれば，合成関数の微分⑨より

$$(\log f(x))' = \frac{du}{dx} = \frac{du}{dy}\frac{dy}{dx} = \frac{d}{dy} \log y \frac{df}{dx}(x) = \frac{f'(x)}{y} = \frac{f'(x)}{f(x)}$$

終

■6 逆関数の微分

第1章や第3章で説明したように，関数 $y = f(x)$ で与えられた x と y の関係式により，y を x に対応させる規則を関数 $f(x)$ の逆関数といい，$f^{-1}(x)$ と表示する．例えば，指数関数 $y = e^x$ の逆関数は対数関数 $y = \log x$ である．

関数 $f(x)$ と逆関数 $f^{-1}(x)$ の関係から $x = f(f^{-1}(x))$ または $x = f^{-1}(f(x))$ である．$y = f^{-1}(x)$ とすれば $x = f(y)$ であるから，合成関数の微分⑧より，

$$(x)' = 1 = (f(f^{-1}(x)))' = f'(f^{-1}(x))(f^{-1}(x))'$$

となる．これより，逆関数の微分を得る．

$$(f^{-1}(x))' = \frac{1}{f'(f^{-1}(x))} = \frac{1}{f'(y)} \qquad (y = f^{-1}(x))$$

本章第4節の説明のように，微分することを変化率の極限として直観的に捉えてみると，$y = f^{-1}(x)$ のとき，$x = f(y)$ となるので，

$$\frac{\Delta y}{\Delta x} = \frac{1}{\dfrac{\Delta x}{\Delta y}} \ \to \ \frac{1}{f'(y)} \qquad (\Delta x \to 0)$$

例題 4.15　$(\log x)' = \dfrac{1}{x}$

答　$f(x) = e^x$ とすれば，逆関数は $y = f^{-1}(x) = \log x$ である．これより $x = f(y) = e^y$ となり，

$$(\log x)' = \frac{1}{f'(f^{-1}(x))} = \frac{1}{e^y} = \frac{1}{e^{\log x}} = \frac{1}{x} \qquad (y = \log x)$$

終

▌章末問題

4.1　関数 $y = f(x)$ が，$f(0) = 0$, $f'(0) = 1$ を満たしているとき，微分係数の定義から $\displaystyle \lim_{x \to 0} \frac{f(x)}{x}$ を求めよ．

4.2　自然数 n について，$(x^n)' = nx^{n-1}$ であることを，数学的帰納法により示せ．

4.3　次の関数を微分せよ．

(1) $y = (3 - 4x)(1 - 2x)(x + 1)$　　(2) $y = \sqrt[3]{\left(\dfrac{1}{x^2} + \dfrac{3}{x} \right)^2}$

(3) $y = \dfrac{\sqrt{x-1} + \sqrt{x+1}}{\sqrt{x+1} - \sqrt{x-1}}$

4.4　次の関数を微分せよ．

(1) $y = \dfrac{1 + \log x}{1 - \log x}$　　(2) $y = 2^x \tan(x^2 + 2)$　　(3) $y = (e^x \log x)^3$

4.5　次の方程式で表される関数 y の導関数 y' を，x と y で表せ．

(1) $\log x + e^y - 2 = 0$　　(2) $y^2 \sin x + \sin y = 0$

4.6　関数 $y = x - \log x \ (x > 0)$ の極値を調べ，そのグラフを描け．

4.7　$x > 0$ のとき，$y = x^x$ の導関数を求めよ．

4.8　$x > 0$ のとき，不等式 $x < e^x$ が成り立つことを示せ．

第4章 問の解答

4.1 (1)
$$\frac{f(2+h) - f(2)}{h}$$
$$= \frac{2(2+h)^2 - 2 \cdot 2^2}{h} = 8 + 2h$$

(2)
$$f'(2) = \lim_{h \to 0} \frac{f(2+h) - f(2)}{h}$$
$$= \lim_{h \to 0} (8 + 2h) = 8$$

4.2 (1)
$$\lim_{h \to 0} \frac{f(3+h) - f(3)}{h}$$
$$= \lim_{h \to 0} \frac{(3+h)^3 - 3^3}{h}$$
$$= \lim_{h \to 0} (27 + 9h + h^2) = 27$$

(2)
$$\lim_{h \to 0} \frac{f(1+h) - f(1)}{h}$$
$$= \lim_{h \to 0} \frac{\sqrt{1+h} - 1}{h}$$
$$= \lim_{h \to 0} \frac{(\sqrt{1+h} - 1)(\sqrt{1+h} + 1)}{h(\sqrt{1+h} + 1)}$$
$$= \lim_{h \to 0} \frac{1}{\sqrt{1+h} + 1} = \frac{1}{2}$$

4.3 (1) 接線の傾きは $f'(1) = 2$ より，接線の方程式は $y = 2x - 1$ となる.

(2) 接線の傾きは $f'(1) = -\dfrac{1}{2}$ より，接線の方程式は $y = -\dfrac{x}{2} + \dfrac{3}{2}$ となる.

4.4
$$(x^4)' = \lim_{h \to 0} \frac{(x+h)^4 - x^4}{h}$$
$$= \lim_{h \to 0} \frac{4x^3 h + 6x^2 h^2 + 4x h^3 + h^4}{h}$$
$$= \lim_{h \to 0} (4x^3 + 6x^2 h + 4x h^2 + h^3)$$
$$= 4x^3$$

4.5 (1) $y' = 4x - 3$

(2) $y' = 9x^2 - 18x + 9$

4.6 (1) 体積は $V = \dfrac{4}{3}\pi r^3$ であるので，$V' = 4\pi r^2$ となる. これは球の表面積.

(2) 速度は $v = h' = v_0 - gt$ で，時刻は $v_0 - gt_0 = 0$ より $t_0 = \dfrac{v_0}{g}$ である.

4.7 (1)
$$y' = (3x + 7)'(5x^2 + 2x)$$
$$\qquad + (3x + 7)(5x^2 + 2x)'$$
$$= 3(5x^2 + 2x)$$
$$\qquad + (3x + 7)(10x + 2)$$
$$= 45x^2 + 82x + 14$$

(2)
$$y' = (x^2 - 3)'(4x^2 + 6)$$
$$\qquad + (x^2 - 3)(4x^2 + 6)'$$
$$= 2x(4x^2 + 6)$$
$$\qquad + (x^2 - 3) \cdot 8x$$
$$= 16x^3 - 12x$$

4.8 (1)
$$y' = -\frac{(2x - 1)'}{(2x - 1)^2} = -\frac{2}{(2x - 1)^2}$$

(2)
$$y' = \frac{1}{(x^2 + 3)^2}$$
$$\cdot \Big((x^2 + x + 1)'(x^2 + 3)$$
$$\qquad - (x^2 + x + 1)(x^2 + 3)' \Big)$$
$$= \frac{1}{(x^2 + 3)^2}$$
$$\cdot \Big((2x + 1)(x^2 + 3)$$
$$\qquad - (x^2 + x + 1) \cdot 2x \Big)$$

第 4 章　問の解答　　*105*

$$= \frac{1}{(x^2+3)^2}$$
$$\cdot \Big((2x^3 + 6x + x^2 + 3)$$
$$\qquad - (2x^3 + 2x^2 + 2x) \Big)$$
$$= \frac{-x^2 + 4x + 3}{(x^2+3)^2}$$

あるいは，$y = 1 + \dfrac{x-2}{x^2+3}$ と変形してから
微分してもよい．

4.9　(1)
$$y' = \left(\frac{1}{4} x^{-4} + 2x^{-7} \right)'$$
$$= -x^{-5} - 14x^{-8}$$

(2)
$$y' = \left(x^{\frac{1}{3}} \left(x^{\frac{1}{2}} + x^{\frac{1}{4}} \right) \right)'$$
$$= \left(x^{\frac{1}{3}+\frac{1}{2}} + x^{\frac{1}{3}+\frac{1}{4}} \right)'$$
$$= \left(x^{\frac{5}{6}} + x^{\frac{7}{12}} \right)'$$
$$= \frac{5}{6} x^{-\frac{1}{6}} + \frac{7}{12} x^{-\frac{5}{12}}$$
$$\left(= \frac{5}{6\sqrt[6]{x}} + \frac{7}{12\sqrt[12]{x^5}} \right)$$

あるいは，
$$y' = \left(x^{\frac{1}{3}} \left(x^{\frac{1}{2}} + x^{\frac{1}{4}} \right) \right)'$$
$$= \frac{1}{3} x^{-\frac{2}{3}} \left(x^{\frac{1}{2}} + x^{\frac{1}{4}} \right)$$
$$\qquad + x^{\frac{1}{3}} \left(\frac{1}{2} x^{-\frac{1}{2}} + \frac{1}{4} x^{-\frac{3}{4}} \right)$$
$$= \frac{1}{3} x^{-\frac{2}{3}+\frac{1}{2}} + \frac{1}{3} x^{-\frac{2}{3}+\frac{1}{4}}$$
$$\qquad + \frac{1}{2} x^{\frac{1}{3}-\frac{1}{2}} + \frac{1}{4} x^{\frac{1}{3}-\frac{3}{4}}$$
$$= \frac{1}{3} x^{-\frac{1}{6}} + \frac{1}{3} x^{-\frac{5}{12}}$$
$$\qquad + \frac{1}{2} x^{-\frac{1}{6}} + \frac{1}{4} x^{-\frac{5}{12}}$$
$$= \frac{5}{6} x^{-\frac{1}{6}} + \frac{7}{12} x^{-\frac{5}{12}}$$

(3) 有理化と例 4.1 (80 ページ) より，
$$y' = \left(\frac{2(\sqrt{x+1} - \sqrt{x})}{x+1-x} \right)'$$
$$= 2(\sqrt{x+1} - \sqrt{x})'$$
$$= 2 \left(\frac{1}{2\sqrt{x+1}} - \frac{1}{2\sqrt{x}} \right)$$
$$= \frac{1}{\sqrt{x+1}} - \frac{1}{\sqrt{x}}$$

4.10　(1) $y' = 3x^2 - 3 = 3(x+1)(x-1)$
より，$x = -1,\ 1$ は $y' = 0$ を満たす．
　増減表は，

x	$\cdots$	-1	$\cdots$	1	$\cdots$
y'	$+$	0	$-$	0	$+$
y	↗	0	↘	-4	↗

　極値は，極大値 0 $(x = -1)$ と極小値
-4 $(x = 1)$ である．

(2) $y' = -3x^2 + 6x = -3x(x-2)$ より，
$x = 0,\ 2$ は $y' = 0$ を満たす．
　増減表は，

x	$\cdots$	0	$\cdots$	2	$\cdots$
y'	$-$	0	$+$	0	$-$
y	↘	2	↗	6	↘

　極値は，極大値 6 $(x = 2)$ と極小値
2 $(x = 0)$ である．

4.11　(1) $y = x^3 - 3x - 2$ の増減表より，
図 4.10 を得る．

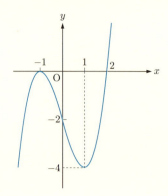

図 4.10

(2) $y = -x^3 + 3x^2 + 2$ の増減表より，図 4.11 を得る．

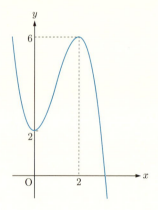

図 4.11

4.12 いろいろな組み合わせがあり得るので，答えは必ずしも一意ではない．以下は典型的な例である．

(1) $f(u) = u^3$, $g(x) = 2x^2 - x + 5$
(2) $f(u) = \sqrt[3]{u}$, $g(x) = (x-4)^2$
 または，$f(u) = u^{\frac{2}{3}}$, $g(x) = x - 4$

4.13 (1)
$$y' = 2(2x^2 - x + 3)(4x - 1)$$

(2)
$$y' = \frac{1}{4}(x^2 + x)^{-\frac{3}{4}}(2x + 1)$$
$$= \frac{2x + 1}{4\sqrt[4]{(x^2 + x)^3}}$$

4.14

x	$\sin x$
0.1	$0.099833416646828\cdots$
0.01	$0.009999833334166\cdots$
0.001	$0.000999999833333\cdots$
0.0001	$0.000099999999833\cdots$

x	$\dfrac{\sin x}{x}$
0.1	$0.998334166468281\cdots$
0.01	$0.999983333416666\cdots$
0.001	$0.999999833333341\cdots$
0.0001	$0.999999998333333\cdots$

4.15
(1) $y' = \cos x - 2e^x$

(2) $y' = \dfrac{1}{x} + \dfrac{1}{\cos^2 x}$

(3) $y' = -2\sin x + \dfrac{3}{x \log 2}$

4.16 (1)
$$y' = 2^x \log 2 \, \log(x-3) + 2^x \frac{1}{x-3}$$
$$= 2^x \left(\log 2 \, \log(x-3) + \frac{1}{x-3} \right)$$

(2) $y = \dfrac{1}{2} e^{2x} \log x$ と変形して，
$$y' = e^{2x} \log x + \frac{1}{2} e^{2x} \frac{1}{x}$$
$$= e^{2x} \left(\log x + \frac{1}{2x} \right)$$

(3)
$$y' = -2\sin 2x \, \tan 3x$$
$$\quad + \cos 2x \frac{3}{\cos^2 3x}$$
$$= -2\sin 2x \, \tan 3x + \frac{3\cos 2x}{\cos^2 3x}$$

第 4 章　章末問題解答

4.1
$$\lim_{x \to 0} \frac{f(x)}{x} = \lim_{x \to 0} \frac{f(x) - f(0)}{x}$$
$$= f'(0) = 1$$

4.2　$n = 1$ のとき,
$$(x)' = \lim_{h \to 0} \frac{(x + h) - x}{h}$$
$$= \lim_{h \to 0} 1 = 1$$
より命題は正しい.

$n = k$ のとき, 命題は正しいと仮定する.

$n = k + 1$ のとき, ④ より
$$(x^{k+1})' = (x \cdot x^k)'$$
$$= (x)' \cdot x^k + x \cdot (x^k)'$$
$$= x^k + x \cdot k x^{k-1}$$
$$= (k + 1)x^k$$

このとき, 命題は正しい.

数学的帰納法により, すべての自然数 n について命題は正しい.

4.3　(1)
$$y' = -4(1 - 2x)(x + 1)$$
$$+ (3 - 4x)(-2)(x + 1)$$
$$+ (3 - 4x)(1 - 2x) \cdot 1$$
$$= 24x^2 - 4x - 7$$

(2) $y = \left(\dfrac{1}{x^2} + \dfrac{3}{x} \right)^{\frac{2}{3}}$ より,
$$y' = \frac{2}{3} \left(\frac{1}{x^2} + \frac{3}{x} \right)^{-\frac{1}{3}}$$
$$\cdot \left(\frac{-2}{x^3} + \frac{3(-1)}{x^2} \right)$$
$$= -\frac{2(3x + 2)}{3x^3} \sqrt[3]{\frac{x^2}{3x + 1}}$$

(3)
$$y = \frac{\sqrt{x - 1} + \sqrt{x + 1}}{\sqrt{x + 1} - \sqrt{x - 1}}$$

$$= \frac{\sqrt{x - 1} + \sqrt{x + 1}}{\sqrt{x + 1} - \sqrt{x - 1}}$$
$$\cdot \frac{\sqrt{x - 1} + \sqrt{x + 1}}{\sqrt{x + 1} + \sqrt{x - 1}}$$
$$= \frac{(\sqrt{x - 1} + \sqrt{x + 1})^2}{2}$$

より,
$$y' = (\sqrt{x - 1} + \sqrt{x + 1})$$
$$\cdot (\sqrt{x - 1} + \sqrt{x + 1})'$$
$$= (\sqrt{x - 1} + \sqrt{x + 1})$$
$$\cdot \left(\frac{1}{2\sqrt{x - 1}} + \frac{1}{2\sqrt{x + 1}} \right)$$
$$= \frac{(\sqrt{x - 1} + \sqrt{x + 1})^2}{2\sqrt{x - 1}\sqrt{x + 1}}$$
$$= 1 + \frac{x}{\sqrt{(x - 1)(x + 1)}}$$

4.4　(1)
$$y' = \frac{1}{(1 - \log x)^2}$$
$$\cdot \Big((1 + \log x)'(1 - \log x)$$
$$- (1 + \log x)(1 - \log x)' \Big)$$
$$= \frac{2}{x(1 - \log x)^2}$$

(2)
$$y' = (2^x)' \tan(x^2 + 2)$$
$$+ 2^x (\tan(x^2 + 2))'$$
$$= 2^x \log 2 \tan(x^2 + 2)$$
$$+ 2^x \frac{1}{\cos^2(x^2 + 2)} \cdot 2x$$
$$= 2^x \Big(\log 2 \tan(x^2 + 2)$$
$$+ \frac{2x}{\cos^2(x^2 + 2)} \Big)$$

注　$(2^x)' = 2^x \log 2$ という公式はなかなか覚えづらい. (4.4) のように計算してもよ

いし，本質的に同じことではあるが，以下のような導き方でもよい．

$y = 2^x$ の両辺の対数をとると，
$$\log y = x \log 2$$
をえる．両辺を x で微分すれば合成関数の微分⑧より
$$\frac{y'}{y} = \log 2$$
となるので，
$$y' = y \log 2 = 2^x \log 2$$
両辺の対数をとった後，微分の計算をする方法を**対数微分法**という．

(3)
$$y' = 3(e^x \log x)^2 (e^x \log x)'$$
$$= 3(e^x \log x)^2$$
$$\cdot \left(e^x \log x + e^x \frac{1}{x} \right)$$
$$= 3e^{3x} (\log x)^2 \left(\log x + \frac{1}{x} \right)$$

4.5 (1) $\dfrac{1}{x} + e^y y' = 0$ より，
$$y' = -\frac{1}{xe^y} \left(= \frac{1}{x(\log x - 2)} \right)$$
この場合，与えられた関係式を用いて，y' を x のみで表示することができる．

(2) $2yy' \sin x + y^2 \cos x + \cos y \cdot y' = 0$ より，
$$y' = -\frac{y^2 \cos x}{2y \sin x + \cos y}$$
この場合，y を x の関数として具体的に表示することは難しい．

4.6 $y = x - \log x$ の両辺を微分して，
$$y' = 1 - \frac{1}{x} = \frac{x-1}{x}$$
$y' = 0$ となるのは $x = 1$ のときであり，増減表は以下の通り．

x	(0)	$\cdots$	1	$\cdots$
y'		$-$	0	$+$
y		↘	1	↗

$\displaystyle \lim_{x \to +0} (x - \log x) = \infty$ に注意すると，グラフは図 4.12 のようになる．（急速に y 軸に

漸近しているので，接しているようにみえるが，グラフが y 軸 ($x = 0$) に当たることはない．)

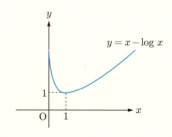

図 4.12

注 二次導関数 y'' まで調べれば，より詳しい状況がわかる．また，
$$\lim_{x \to \infty} (x - \log x) = \infty$$
が調べられるとよりよいが，これは若干難しいであろう．

4.7 $X^Y = e^{\log X^Y}$ の関係を使うとよい．
$$y' = (x^x)' = (e^{\log x^x})'$$
$$= (e^{x \log x})'$$
$$= e^{x \log x} (x \log x)'$$
$$= e^{x \log x} (\log x + 1)$$
$$= x^x (\log x + 1)$$

注 対数微分法を用いると，$\log y = x \log x$ の両辺を微分して，
$$\frac{y'}{y} = (x \log x)' = \log x + 1$$
より，y' を得る．

4.8 $f(x) = e^x - x$ とする．$x > 0$ のとき $f'(x) = e^x - 1 > 0$ より，$f(x)$ は狭義増加関数である．よって，$x > h > 0$ のとき $f(x) > f(h)$ である．$h \to +0$ のとき $f(h) \to f(0) = 1$ だから，これより $f(x) > 0$，すなわち $x < e^x$ がわかる．よって，$x < e^x$ が成り立つ．

第 5 章

積分，特に置換積分

関数 $F(x)$ から導関数 $F'(x) = f(x)$ を求めることを「微分する」といった．逆に関数 $f(x)$ から，
$$F'(x) = f(x)$$
を満たす $F(x)$ を求めることを「積分する」という．本章では，特に置換積分の計算に重きをおいて，関数の積分計算全体を概観する．

▍1　不定積分

1.1　不定積分 (I)

関数 $f(x)$ に対して $F'(x) = f(x)$ を満たす関数 $F(x)$ を $f(x)$ の原始関数という．$F(x)$ と $G(x)$ が $f(x)$ の原始関数のとき，$(G(x) - F(x))' = f(x) - f(x) = 0$ であるから，C を定数として $G(x) - F(x) = C$ となる（平均値の定理より）．よって，任意の原始関数は，ある一つの原始関数 $F(x)$ を用いて，$F(x) + C$ の形で表される．これを
$$\int f(x)\,dx$$
と書いて，$f(x)$ の不定積分とよび，このとき C を積分定数という．なお，$\int 1\,dx$ を $\int dx$ と表すことも多い．

110 第 5 章 積分, 特に置換積分

具体的な不定積分の例

a を定数, n を自然数とするとき,

$$(1)\ \int a\,dx = ax + C \qquad (2)\ \int x^n\,dx = \frac{1}{n+1}x^{n+1} + C$$

例 5.1

$$(1)\ \int 5\,dx = 5x + C \qquad (2)\ \int x^6\,dx = \frac{1}{6+1}x^{6+1} + C = \frac{1}{7}x^7 + C$$

関数の定数倍, 和および差の不定積分

関数 $f(x)$, $g(x)$ に対して, 次が成り立つ.

$$(1)\ \int kf(x)\,dx = k\int f(x)\,dx \quad (k\ は定数)$$

$$(2)\ \int (f(x) + g(x))\,dx = \int f(x)\,dx + \int g(x)\,dx$$

$$(3)\ \int (f(x) - g(x))\,dx = \int f(x)\,dx - \int g(x)\,dx$$

例 5.2

$$(1)\ \int (5x + 2)\,dx = 5\int x\,dx + 2\int dx$$

$$= 5 \cdot \frac{1}{1+1}x^{1+1} + 2x + C$$

$$= \frac{5}{2}x^2 + 2x + C$$

$$(2)\ \int (x - 2)^2\,dx = \int (x^2 - 4x + 4)\,dx$$

$$= \int x^2\,dx - 4\int x\,dx + 4\int dx$$

$$= \frac{1}{3}x^3 - 2x^2 + 4x + C$$

1　不定積分　　*111*

検算

　得られた関数が正しいかどうかは，それを微分することで確かめられる．
実際，例 5.2 (2) では，$\left(\dfrac{1}{3}x^3 - 2x^2 + 4x + C\right)' = x^2 - 4x + 4 = (x-2)^2$
なので答えが正しいことが確かめられる．

> 問 **5.1**　　次の不定積分を求めよ．
>
> $\quad$ (1) $\displaystyle\int (2x+3)(2x-3)\,dx$
>
> $\quad$ (2) $\displaystyle\int (3x^2 - 2x + 5)\,dx - \int (1 - 2x + 4x^2)\,dx$

コラム 5 (積分定数 C がない！？)　　$f(x)$ の原始関数を $F(x)$ とし，
$g(x)$ の原始関数を $G(x)$ としたとき，
$$\int f(x)\,dx = F(x) + C_1, \qquad \int g(x)\,dx = G(x) + C_2$$
である．両辺それぞれ足せば，
$$\int f(x)\,dx + \int g(x)\,dx = F(x) + G(x) + C_1 + C_2$$
となる．一方，
$$\int (f(x) + g(x))\,dx = F(x) + G(x) + C_3$$
である．これは，関数 $h(x) = f(x) + g(x)$ の原始関数は，$H(x) = F(x) + G(x)$ であるという意味だが，これより，
$$\int (f(x) + g(x))\,dx = \int f(x)\,dx + \int g(x)\,dx + C_3 - C_1 - C_2$$
としたくなる．しかし，公式では，
$$\int (f(x) + g(x))\,dx = \int f(x)\,dx + \int g(x)\,dx$$
となっている．では，$C_3 - C_1 - C_2 = 0$ を仮定しているのかというとそうではない．両辺に不定積分がある場合，両辺の積分定数の違いは無視して積分定数を表示しない「暗黙の了解」があるだけである．

112   第5章　積分，特に置換積分

1.2　不定積分 (II)

　積分は，微分の逆の演算であるから，微分の公式から，いろいろな関数の不定積分に関する公式が得られる．

x^a の不定積分

$$\int x^a\, dx = \frac{1}{a+1} x^{a+1} + C \quad (x > 0;\ a\ は実数で\ a \neq -1\ のとき)$$

$$\int x^a\, dx = \frac{1}{a+1} x^{a+1} + C \quad (x < 0;\ a\ は\ -1\ より小さい整数のとき)$$

$$\int \frac{dx}{x} \left(= \int x^{-1}\, dx \right) = \log x + C \quad (x > 0)$$

$$\int \frac{dx}{x} \left(= \int x^{-1}\, dx \right) = \log(-x) + C \quad (x < 0)$$

注 5.3　$\displaystyle\int \frac{1}{f(x)}\, dx$ を $\displaystyle\int \frac{dx}{f(x)}$ と書くこともある．

例題 5.4　$\displaystyle\int x\sqrt{x}\, dx$ を求めよ．

答　$x\sqrt{x} = x \cdot x^{\frac{1}{2}} = x^{\frac{3}{2}}$ だから，

$$\int x\sqrt{x}\, dx = \int x^{\frac{3}{2}}\, dx$$

$$= \frac{1}{\frac{3}{2}+1}\, x^{\frac{3}{2}+1} + C$$

$$= \frac{2}{5} x^{\frac{5}{2}} + C$$

$$= \frac{2}{5} x^2 \sqrt{x} + C$$

終

例題 5.5　$\displaystyle\int \frac{x^2+3}{x}\, dx\ (x > 0)$ を求めよ．

1 不定積分 **113**

答

$$\int \frac{x^2+3}{x}\,dx = \int \left(x + \frac{3}{x}\right) dx$$

$$= \int x\,dx + 3\int \frac{1}{x}\,dx$$

$$= \frac{1}{2}x^2 + 3\log x + C$$

終

コラム 6 ($1/x$ の不定積分)　高校数学の教科書や多くの微分積分の教科書には，$\dfrac{1}{x}$ の不定積分を，

$$\int \frac{1}{x}\,dx = \log|x| + C \quad (x \neq 0)$$

と書いてあるが，これは以下の場合分けを同時に表現している省略形である (図 5.1).

$$\int \frac{1}{x}\,dx = \begin{cases} \log x + C_1 & (x > 0) \\ \log(-x) + C_2 & (x < 0) \end{cases} = \log|x| + C \quad (x \neq 0)$$

さらに，$\dfrac{1}{x^n}$ (n は 1 より大きい自然数) の不定積分も本来は

$$\int \frac{1}{x^n}\,dx = \begin{cases} \dfrac{1}{-n+1}x^{-n+1} + C_1 & (x > 0) \\ \dfrac{1}{-n+1}x^{-n+1} + C_2 & (x < 0) \end{cases}$$

と場合分けが必要であろう.

　このように，$n = 1, 2, \cdots$ に対して，$\dfrac{1}{x^n}$ の不定積分を $x > 0$ のときと $x < 0$ のときで分ける理由は，$\dfrac{1}{x^n}$ が $x = 0$ で定義できず，一方で，$x > 0$，$x < 0$ それぞれにおいて $f(x) = \dfrac{1}{x^n}$ は連続であるため，それぞれの区間において不定積分を求めることができるからである.

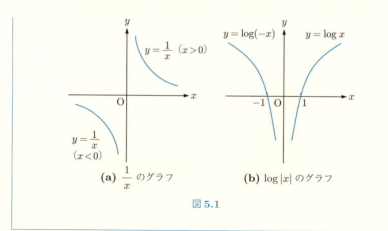

(a) $\dfrac{1}{x}$ のグラフ　　(b) $\log|x|$ のグラフ

図 5.1

三角関数の不定積分

$$\int \sin x\, dx = -\cos x + C$$

$$\int \cos x\, dx = \sin x + C$$

$$\int \frac{1}{\cos^2 x}\, dx = \tan x + C$$

例 5.6

$$\int (\cos x - 1)\, dx = \int \cos x\, dx - \int dx = \sin x - x + C$$

指数関数の不定積分

$$\int e^x\, dx = e^x + C$$

$$\int a^x\, dx = \frac{a^x}{\log a} + C \quad (a > 0,\ a \neq 1)$$

1 不定積分 *115*

例 5.7

$$(1) \quad \int (e^x + 2)\, dx = \int e^x\, dx + \int 2\, dx = e^x + 2x + C$$

$$(2) \quad \int 3^x\, dx = \frac{3^x}{\log 3} + C$$

問 5.2 次の不定積分を求めよ.

$$(1) \quad \int \left(1 + \frac{1}{x}\right)^2 dx \quad (x < 0) \qquad (2) \quad \int \tan^2 x\, dx \qquad (3) \quad \int (\sin x - e^x + 5^x)\, dx$$

部分積分法

積の微分法より,$(f(x)g(x))' = f'(x)g(x) + f(x)g'(x)$ なので,$f'(x)g(x) + f(x)g'(x)$ の原始関数は $f(x)g(x)$ である.よって次の部分積分法の公式が得られる.

$$\int f(x)g'(x)\, dx = f(x)g(x) - \int f'(x)g(x)\, dx$$

例 5.8

$$\int \log x\, dx = \int (x)' \log x\, dx$$

$$= x \log x - \int x (\log x)'\, dx$$

$$= x \log x - \int dx$$

$$= x \log x - x + C$$

問 5.3 次の不定積分を求めよ.

$$(1) \quad \int x \sin x\, dx \qquad (2) \quad \int (x+1) e^x\, dx$$

116 第 5 章 積分，特に置換積分

▌2 定積分

2.1 定積分の定義

$f(x)$ をある区間で定義された関数とし，$F(x)$ を $f(x)$ の原始関数 (つまり，$F'(x) = f(x)$) とするとき，区間内の a, b に対して，$F(b) - F(a)$ を $f(x)$ の a から b までの定積分といい，$\displaystyle\int_a^b f(x)\,dx$ で表す．すなわち，

$$\int_a^b f(x)\,dx = \left[F(x)\right]_a^b = F(b) - F(a)$$

である．定積分を求めることを a から b まで積分するという．

注 5.9 不定積分 $\displaystyle\int f(x)\,dx$ は x の関数，定積分 $\displaystyle\int_a^b f(x)\,dx$ は数である．

2.2 定積分の性質

関数 $f(x)$, $g(x)$ に対して，次が成り立つ．

(1) $\displaystyle\int_a^b k f(x)\,dx = k \int_a^b f(x)\,dx$ （k は定数)

(2) $\displaystyle\int_a^b (f(x) + g(x))\,dx = \int_a^b f(x)\,dx + \int_a^b g(x)\,dx$

(3) $\displaystyle\int_a^b (f(x) - g(x))\,dx = \int_a^b f(x)\,dx - \int_a^b g(x)\,dx$

(4) $\displaystyle\int_a^a f(x)\,dx = 0$

(5) $\displaystyle\int_a^b f(x)\,dx = -\int_b^a f(x)\,dx$

(6) $\displaystyle\int_a^b f(x)\,dx = \int_a^c f(x)\,dx + \int_c^b f(x)\,dx$

例 5.10

(1) $\displaystyle\int_2^3 x^2\,dx = \left[\frac{1}{3}x^3\right]_2^3$

$$= \left(\frac{1}{3} \times 27 \right) - \left(\frac{1}{3} \times 8 \right) = \frac{19}{3}$$

(2) $\displaystyle\int_1^2 (x^2 + 4x - 2)\, dx = \left[\frac{1}{3}x^3 + \frac{4}{2}x^2 - 2x \right]_1^2$

$$= \left(\frac{8}{3} + 8 - 4 \right) - \left(\frac{1}{3} + 2 - 2 \right) = \frac{19}{3}$$

(3) $\displaystyle\int_1^3 \frac{1}{x^2}\, dx = \int_1^3 x^{-2}\, dx = \left[\frac{x^{-2+1}}{-2+1} \right]_1^3$

$$= \left[-\frac{1}{x} \right]_1^3 = -\frac{1}{3} - (-1) = \frac{2}{3}$$

(4) $\displaystyle\int_0^{\frac{\pi}{2}} \cos x\, dx = [\sin x]_0^{\frac{\pi}{2}}$

$$= \sin \frac{\pi}{2} - \sin 0 = 1$$

定積分の部分積分法は関数の積の微分計算

$$(f(x)g(x))' = f'(x)g(x) + f(x)g'(x)$$

より,

$$\int_a^b (f'(x)g(x) + f(x)g'(x))\, dx = [f(x)g(x)]_a^b$$

である. したがって,

$$\int_a^b f(x)g'(x)\, dx = [f(x)g(x)]_a^b - \int_a^b f'(x)g(x)\, dx$$

を得る.

例 5.11

$$\int_0^{\frac{\pi}{2}} x \cos x\, dx = \int_0^{\frac{\pi}{2}} x(\sin x)'\, dx$$

$$= [x \sin x]_0^{\frac{\pi}{2}} - \int_0^{\frac{\pi}{2}} \sin x\, dx$$

$$= \frac{\pi}{2} \sin \frac{\pi}{2} - [-\cos x]_0^{\frac{\pi}{2}}$$

$$= \frac{\pi}{2} - \left(-\cos\frac{\pi}{2} + \cos 0\right)$$
$$= \frac{\pi}{2} - 1$$

問 5.4 次の定積分を計算せよ．

(1) $\displaystyle\int_1^8 \sqrt[3]{x}\,dx$ (2) $\displaystyle\int_1^{e^2} x^2 \log x\,dx$ (3) $\displaystyle\int_{-\pi}^{\pi} (x-3)\sin x\,dx$

2.3 定積分と面積

区間 $[a,b]$ で $f(x) \geqq g(x)$ のとき，二つの曲線 $y = f(x)$ と $y = g(x)$ および 2 直線 $x = a$ と $x = b$ で囲まれた部分の面積 S を，

$$S = \int_a^b (f(x) - g(x))\,dx$$

と定める (図 5.2)．

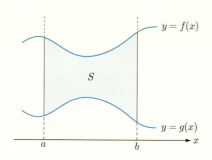

図 5.2 二つの曲線の間の面積

これより，関数 $f(x)$ が，$a \leqq x \leqq c$ で $f(x) \geqq 0$，$c \leqq x \leqq b$ で $f(x) \leqq 0$ のとき，曲線 $y = f(x)$ と x 軸，および $x = a$ と $x = b$ で囲まれた部分の面積 S は，

$$S = \int_a^c (f(x) - 0)\,dx + \int_c^b (0 - f(x))\,dx$$

$$= \int_a^c |f(x)|\,dx + \int_c^b |f(x)|\,dx$$
$$= \int_a^b |f(x)|\,dx$$

となる.

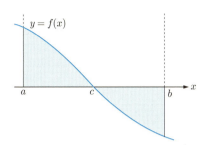

図 5.3 曲線と x 軸との間の面積

例 5.12 $a, b > 0$ とする. 直線 $y = \dfrac{b}{a}x$ と x 軸, および直線 $x = a$ で囲まれた部分の面積 S は,

$$\int_0^a \frac{b}{a}x\,dx = \left[\frac{b}{2a}x^2\right]_0^a = \frac{1}{2}ab$$

となる. これは三角形の面積の公式から得られる面積に他ならない.

例題 5.13 曲線 $y = \cos x$ と x 軸, y 軸および $x = \dfrac{3}{4}\pi$ で囲まれた部分の面積 S を求めよ.

答 $f(x) = \cos x$ とおく. $0 \leqq x \leqq \dfrac{\pi}{2}$ のとき $f(x) \geqq 0$, $\dfrac{\pi}{2} < x \leqq \dfrac{3}{4}\pi$ のとき $f(x) < 0$ より, $|f(x)| = \begin{cases} \cos x & \left(0 \leqq x \leqq \dfrac{\pi}{2}\right) \\ -\cos x & \left(\dfrac{\pi}{2} < x \leqq \dfrac{3}{4}\pi\right) \end{cases}$ である (図 5.4).

よって,
$$S = \int_0^{\frac{3}{4}\pi} |\cos x|\,dx$$

$$= \int_0^{\frac{\pi}{2}} \cos x \, dx + \int_{\frac{\pi}{2}}^{\frac{3}{4}\pi} (-\cos x) \, dx$$

$$= [\sin x]_0^{\frac{\pi}{2}} + [-\sin x]_{\frac{\pi}{2}}^{\frac{3}{4}\pi}$$

$$= \sin \frac{\pi}{2} - \sin 0 - \sin \frac{3}{4}\pi + \sin \frac{\pi}{2}$$

$$= 1 - 0 - \frac{1}{\sqrt{2}} + 1$$

$$= 2 - \frac{1}{\sqrt{2}}$$

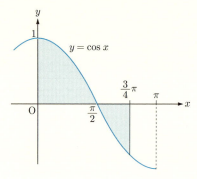

図 5.4 曲線 $y = \cos x$ と x 軸との間の部分の面積

終

> 問 5.5 次の部分の面積を求めよ．
> (1) 曲線 $y = e^x - e$ と x 軸および 2 直線 $x = -1$ と $x = 2$ で囲まれた部分．
> (2) 2 曲線 $y = x^2$ と $y = \sqrt{x}$ で囲まれた部分．

3 置換積分

3.1 不定積分の置換積分法

　関数 $f(x)$ の原始関数を $F(x)$ とする．x が t の関数 $g(t)$ によって，$x = g(t)$ と表されるとき，$F(x) = F(g(t))$ は t の関数となる．これを t について微分

                                                    3 置換積分   *121*

すると，合成関数の微分となるから，

$$\frac{d}{dt}F(x) = \frac{d}{dx}F(x) \cdot \frac{dx}{dt} = f(x)g'(t) = f(g(t))g'(t)$$

である．よって，$f(g(t))g'(t)$ の原始関数は $F(x)$ である．一方，$F(x)$ は $f(x)$ の原始関数でもあるので，次の置換積分の公式が得られる．

$$\int f(x)\,dx = \int f(g(t))g'(t)\,dt$$

例題 **5.14**　不定積分 $\displaystyle\int \frac{1}{x+1}\,dx\ (x > -1)$ を求めよ．

答　$t = x+1$ とする．すなわち，$x = t-1$ と置換すると，$\dfrac{dx}{dt} = 1$ なので，

$$\begin{aligned}
\int \frac{1}{x+1}\,dx &= \int \frac{1}{t} \cdot 1\,dt \\
&= \int \frac{1}{t}\,dt \\
&= \log t + C \\
&= \log(x+1) + C
\end{aligned}$$

終

実用的な不定積分の置換積分法

実用上は，x と t を交換して，$t = g(x)$ から $dt = g'(x)\,dx$ の関係を通して，

$$\int f(g(x))g'(x)\,dx = \int f(t)\,dt$$

と計算することも多い．

例題 **5.15**　不定積分 $\displaystyle\int x^3(x^4+1)^{20}\,dx$ を求めよ．

答　$t = x^4+1$ と置換すると，$\left(\dfrac{dt}{dx} = 4x^3 \text{より}\right)\, dt = 4x^3\,dx$ である．

122   第5章　積分，特に置換積分

よって，

$$\int x^3(x^4+1)^{20}\,dx = \int t^{20}\cdot\frac{1}{4}\,dt$$

$$= \frac{1}{84}t^{21} + C$$

$$= \frac{1}{84}(x^4+1)^{21} + C$$

終

3.2　定積分の置換積分法

不定積分の置換積分法より，$x = g(t)$ と置換した場合，

$$\int f(x)\,dx = \int f(g(t))g'(t)\,dt$$

であった．このとき，右辺を α から β まで積分することを考える．定積分の置換積分では積分する区間の変更も加味しなければならない．$a = g(\alpha)$，$b = g(\beta)$ とし，$f(x)$ の原始関数を $F(x)$ とすると，定積分の定義から

$$\int_a^b f(x)\,dx = F(b) - F(a)$$

$$= F(g(\beta)) - F(g(\alpha))$$

$$= \int_\alpha^\beta f(g(t))g'(t)\,dt$$

実用的な定積分の置換積分法

実用上は，x と t を交換して，$t = g(x)$ から $dt = g'(x)\,dx$ の関係を通して，

$$\int_a^b f(g(x))g'(x)\,dx = \int_\alpha^\beta f(t)\,dt = F(\beta) - F(\alpha)$$

と計算することも多い．

例題 5.16　定積分 $\displaystyle\int_{-1}^2 xe^{x^2}\,dx$ を求めよ．

答　$t = x^2$ と置換すると，$\left(\dfrac{dt}{dx} = 2x\ \text{より}\right)dt = 2x\,dx$ である．また，積

3　置換積分　　*123*

分区間は,

x	-1	2
t	1	4

と変換される. よって,

$$\int_{-1}^{2} xe^{x^2}\,dx = \int_{1}^{4} e^t \cdot \frac{1}{2}\,dt$$

$$= \left[\frac{1}{2}e^t\right]_{1}^{4}$$

$$= \frac{1}{2}\left(e^4 - e\right)$$

終

例題 **5.17**　定積分 $\displaystyle\int_{0}^{1} \sqrt{1-x^2}\,dx$ を求めよ.

答　$x = \sin t$ と置換すると, $\left(\dfrac{dx}{dt} = \cos t \text{ より}\right) dx = \cos t\,dt$ である. また, 積分区間は,

x	0	1
t	0	$\dfrac{\pi}{2}$

と変換される. $0 \leqq t \leqq \dfrac{\pi}{2}$ において, $\cos t \geqq 0$ なので,

$$\sqrt{1-x^2} = \sqrt{1-\sin^2 t}$$

$$= \sqrt{\cos^2 t}$$

$$= \cos t$$

したがって,

$$\int_{0}^{1} \sqrt{1-x^2}\,dx = \int_{0}^{\frac{\pi}{2}} \cos t \cdot \cos t\,dt = \int_{0}^{\frac{\pi}{2}} \frac{1+\cos 2t}{2}\,dt$$

$$= \left[\frac{1}{2}t + \frac{1}{4}\sin 2t\right]_0^{\frac{\pi}{2}} = \frac{\pi}{4}$$

となる．これは半径 1 の四分円の面積である． 終

問 5.6　次の各問に答えよ．
(1) $g(x) > 0$ とするとき，
$$\int \frac{g'(x)}{g(x)}\,dx = \log g(x) + C$$
が成り立つことを置換積分を用いて示せ．
(2) 定積分 $\displaystyle\int_0^{\frac{\pi}{4}} \tan x\,dx$ を求めよ．

奇関数の積分と偶関数の積分

第 2 章 2.2 節でみたように，関数の対称性に関する特徴付けに以下のものがある (図 5.5)．

$f(x)$ が奇関数 $\iff$ $f(-x) = -f(x)$ $\iff$ グラフが原点対称

$f(x)$ が偶関数 $\iff$ $f(-x) = f(x)$ $\iff$ グラフが y 軸対称

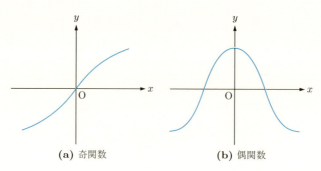

図 5.5

図 5.5 より明らかなように，

$$f(x) \text{ が奇関数} \Rightarrow \int_{-a}^{a} f(x)\,dx = 0$$

$$f(x) \text{ が偶関数} \Rightarrow \int_{-a}^{a} f(x)\,dx = 2\int_{0}^{a} f(x)\,dx$$

である．以下で厳密に示される．

例 5.18 $f(x)$ を奇関数とする．このとき，

$$\int_{-a}^{a} f(x)\, dx = 0$$

を示す．積分区間 $[-a, a]$ を $[-a, 0]$ と $[0, a]$ に分けて，

$$\int_{-a}^{0} f(x)\, dx = \int_{a}^{0} f(-t)\,(-1)\, dt \qquad (t = -x)$$

$$= \int_{a}^{0} (-f(t))\,(-1)\, dt$$

$$= -\int_{0}^{a} f(t)\, dt$$

より，

$$\int_{-a}^{a} f(x)\, dx = \int_{-a}^{0} f(x)\, dx + \int_{0}^{a} f(x)\, dx$$

$$= -\int_{0}^{a} f(x)\, dx + \int_{0}^{a} f(x)\, dx = 0$$

となる．

問 5.7 次の各問に答えよ．
(1) $f(x)$ を偶関数とする．このとき，

$$\int_{-a}^{a} f(x)\, dx = 2\int_{0}^{a} f(x)\, dx$$

となることを示せ．
(2) 関数 $f(x) = |x|$ について，奇関数か偶関数かを調べ，区間 $[-1, 1]$ において積分せよ．

4 積分の応用

4.1 定積分と体積

図 5.6 のように x 軸に垂直な二平面 A，B が x 軸と交わる点の座標をそれぞれ a，b $(a < b)$ とする．また，$a \leqq x \leqq b$ を満たす x の点で x 軸と垂直に

交わる平面 X でこの立体を切ったときの断面積を $S(x)$ とする. このとき, 二平面 A, B の間にはさまれた部分の体積 V を,

$$V = \int_a^b S(x)\,dx$$

と定める.

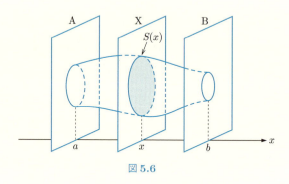

図 5.6

これより, 回転体の体積を求めることができる. 曲線 $y = f(x)$ と x 軸, および $x = a$, $x = b$ $(a < b)$ で囲まれた部分を x 軸の周りに 1 回転させてできる立体 (回転体) の体積を V とする. 回転体の断面積は $\pi f(x)^2$ なので,

$$V = \int_a^b \pi f(x)^2\,dx$$

となる.

例題 5.19 半径 r の球の体積 V を求めよ.

答 座標平面において, 中心が原点, 半径が r の円の方程式は $x^2 + y^2 = r^2$ なので, 曲線 $y = \sqrt{r^2 - x^2}$ を x 軸の周りで 1 回転させると半径 r の球になる (図 5.7).

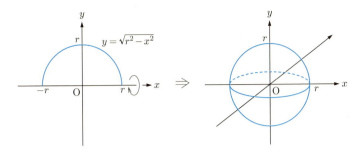

図 5.7

断面積は $\pi\left(\sqrt{r^2-x^2}\right)^2$ なので,

$$V = \int_{-r}^{r} \pi(r^2-x^2)\,dx$$
$$= 2\int_0^r \pi(r^2-x^2)\,dx$$
$$= 2\pi\left[r^2 x - \frac{1}{3}x^3\right]_0^r$$
$$= 2\pi\left(r^3 - \frac{1}{3}r^3\right)$$
$$= \frac{4}{3}\pi r^3$$

終

問 5.8 $a > 0$ とするとき, 次の各問に答えよ.
(1) 放物線 $y = x^2$ と直線 $x = a$, x 軸とで囲まれた部分を x 軸の周りに 1 回転してできる回転体の体積を求めよ.
(2) 放物線 $y = x^2$ と直線 $y = a$ とで囲まれた部分を y 軸の周りに 1 回転してできる回転体の体積を求めよ.

4.2 曲線の長さ

曲線 C が, 媒介変数 t を用いて

$$x = f(t), \quad y = g(t) \quad (a \leqq t \leqq b)$$

と表されているとする (図 5.8).

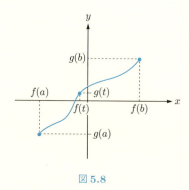

図 5.8

このとき，曲線 C の長さを，
$$L = \int_a^b \sqrt{\left(\frac{dx}{dt}\right)^2 + \left(\frac{dy}{dt}\right)^2}\,dt$$
と定める．これより，曲線 C が $y = f(x)$ $(a \leqq x \leqq b)$ で与えられているときの長さも求めることができる．実際，$x = t$ とおくと，$y = f(t)$ $(a \leqq t \leqq b)$ となるので，上の公式を適用すると，
$$L = \int_a^b \sqrt{1 + (f'(t))^2}\,dt$$

例題 5.20 直線に沿って円が滑らずに回転するとき，円周上のある 1 点 P の軌跡をサイクロイドという (図 5.9).

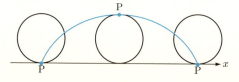

図 5.9 サイクロイド

半径 r の円が 1 回転したときのサイクロイドの媒介変数表示は
$$x = r(t - \sin t), \quad y = r(1 - \cos t) \qquad (0 \leqq t \leqq 2\pi)$$

と表される．このとき，軌跡の長さを求めよ．

答　$\dfrac{dx}{dt} = r(1 - \cos t)$, $\dfrac{dy}{dt} = r\sin t$ なので，公式より，軌跡の長さ L は

$$L = \int_0^{2\pi} \sqrt{r^2(1 - 2\cos t + \cos^2 t + \sin^2 t)}\, dt$$

$$= \int_0^{2\pi} \sqrt{2r^2(1 - \cos t)}\, dt$$

$$= \int_0^{2\pi} \sqrt{4r^2 \frac{1 - \cos t}{2}}\, dt$$

$$= \int_0^{2\pi} \sqrt{4r^2 \sin^2 \frac{t}{2}}\, dt$$

ここで，$0 \le t \le 2\pi$ において，$\sin \dfrac{t}{2} \ge 0$ なので，

$$\int_0^{2\pi} \sqrt{4r^2 \sin^2 \frac{t}{2}}\, dt = \int_0^{2\pi} 2r \sin \frac{t}{2}\, dt$$

$$= 2r \left[-2\cos \frac{t}{2} \right]_0^{2\pi}$$

$$= 8r$$

終

問 5.9　曲線 $y = \dfrac{1}{2}(e^x + e^{-x})$ $(-2 \le x \le 2)$ の長さを求めよ．

130 第 5 章 章末問題

▍第 5 章　章末問題

5.1　次の不定積分を求めよ.

(1) $\displaystyle\int \frac{x^3 - x}{x^2 + 1}\,dx$　　(2) $\displaystyle\int x^2 \sin x\,dx$

(3) $\displaystyle\int \frac{1}{x(1 + \log x)}\,dx$　$(x > e^{-1})$　　(4) $\displaystyle\int \sin 2x \cos 3x\,dx$

5.2　次の定積分を求めよ.

(1) $\displaystyle\int_1^{\sqrt{5}} x\sqrt{x^2 - 1}\,dx$　　(2) $\displaystyle\int_{-1}^1 \frac{1 - x}{e^x}\,dx$　　(3) $\displaystyle\int_1^2 \frac{3}{x(x + 3)}\,dx$

5.3　$F'(x) = f(x),\ a \neq 0$ とするとき,

$$\int f(ax + b)\,dx = \frac{1}{a}F(ax + b) + C$$

が成り立つことを, $F(ax + b)$ を微分することによって示せ.

5.4　a を定数とするとき,

$$\frac{d}{dx}\int_a^x f(t)\,dt = f(x)$$

が成り立つことを示せ.

5.5　次の定積分, 不定積分を求めよ.

(1) $\displaystyle\int_0^{\frac{\pi}{2}} \frac{\cos x}{\sqrt{1 - \sin x}}\,dx$　　(2) $\displaystyle\int_{-\frac{\pi}{3}}^{\frac{\pi}{3}} \frac{1}{\cos x}\,dx$　　(3) $\displaystyle\int e^{-2x}\sin 3x\,dx$

5.6　$a > 0,\ b > 0$ とする. 楕円 $\dfrac{x^2}{a^2} + \dfrac{y^2}{b^2} = 1$ について, 次の各問に答えよ.

(1) 楕円で囲まれた部分の面積 S を求めよ.

(2) 楕円を x 軸の周りに 1 回転させてできる立体の体積 V_x を求めよ.

(3) 楕円を y 軸の周りに 1 回転させてできる立体の体積 V_y を求めよ.

5.7　数直線上を動く点 P の時刻 t における速度が $v = \cos \pi t$ であるとする.

(1) 時刻 $t = \dfrac{1}{2}$ から $t = 1$ までに P の位置はどれだけ変化するか求めよ.

(2) 時刻 $t = 0$ から $t = 3$ までに P が動いた総距離 (道のり) を求めよ.

132　第 5 章　問の解答

▋第 5 章　問の解答

5.1

(1) $\displaystyle\int (2x+3)(2x-3)\,dx$

$\displaystyle = \int (4x^2 - 9)\,dx$

$\displaystyle = 4\int x^2\,dx - 9\int dx$

$\displaystyle = \frac{4}{3}x^3 - 9x + C$

(2) $\displaystyle\int (3x^2 - 2x + 5)\,dx$

$\displaystyle \qquad - \int (1 - 2x + 4x^2)\,dx$

$\displaystyle = \int (3x^2 - 2x + 5 - 1$

$\displaystyle \qquad\qquad + 2x - 4x^2)\,dx$

$\displaystyle = \int (-x^2 + 4)\,dx$

$\displaystyle = -\int x^2\,dx + 4\int dx$

$\displaystyle = -\frac{1}{3}x^3 + 4x + C$

5.2

(1) $\displaystyle\int \left(1 + \frac{1}{x}\right)^2 dx$

$\displaystyle = \int \left(1 + \frac{2}{x} + \frac{1}{x^2}\right) dx$

$\displaystyle = x + 2\log(-x) - \frac{1}{x} + C$

(2) $\displaystyle\int \tan^2 x\,dx$

$\displaystyle = \int \left(\frac{\sin x}{\cos x}\right)^2 dx$

$\displaystyle = \int \frac{1 - \cos^2 x}{\cos^2 x}\,dx$

$\displaystyle = \int \left(\frac{1}{\cos^2 x} - 1\right) dx$

$\displaystyle = \tan x - x + C$

(3) $\displaystyle\int (\sin x - e^x + 5^x)\,dx$

$\displaystyle = -\cos x - e^x + \frac{5^x}{\log 5} + C$

5.3

(1) $\displaystyle\int x \sin x\,dx$

$\displaystyle = \int x(-\cos x)'\,dx$

$\displaystyle = -x\cos x$

$\displaystyle \qquad\qquad - \int (x)'(-\cos x)\,dx$

$\displaystyle = -x\cos x + \int \cos x\,dx$

$\displaystyle = -x\cos x + \sin x + C$

(2) $\displaystyle\int (x+1)e^x\,dx$

$\displaystyle = \int (x+1)(e^x)'\,dx$

$\displaystyle = (x+1)e^x - \int (x+1)'e^x\,dx$

$\displaystyle = (x+1)e^x - \int e^x\,dx$

$\displaystyle = (x+1)e^x - e^x + C$

$\displaystyle = xe^x + C$

5.4

(1) $\displaystyle\int_1^8 \sqrt[3]{x}\,dx = \int_1^8 x^{\frac{1}{3}}\,dx$

$\displaystyle = \left[\frac{3}{4}x^{\frac{4}{3}}\right]_1^8 = \frac{3}{4}\left(8^{\frac{4}{3}} - 1^{\frac{4}{3}}\right)$

$\displaystyle = \frac{3}{4}\left((2^3)^{\frac{4}{3}} - 1\right) = \frac{3}{4}\left(2^4 - 1\right)$

$\displaystyle = \frac{45}{4}$

(2) $\displaystyle\int_1^{e^2} x^2 \log x\,dx$

$\displaystyle = \int_1^{e^2} \left(\frac{1}{3}x^3\right)' \log x\,dx$

$\displaystyle = \left[\frac{1}{3}x^3 \log x\right]_1^{e^2} - \int_1^{e^2} \frac{1}{3}x^2\,dx$

$$= \frac{1}{3}e^6 \log e^2 - \left[\frac{1}{9}x^3\right]_1^{e^2}$$
$$= \frac{2}{3}e^6 - \frac{1}{9}e^6 + \frac{1}{9}$$
$$= \frac{5}{9}e^6 + \frac{1}{9}$$

(3) $\displaystyle\int_{-\pi}^{\pi}(x-3)\sin x\,dx$
$$= \int_{-\pi}^{\pi}(x-3)(-\cos x)'\,dx$$
$$= [(x-3)(-\cos x)]_{-\pi}^{\pi}$$
$$\quad - \int_{-\pi}^{\pi}(-\cos x)\,dx$$
$$= (\pi-3)(-\cos\pi)$$
$$\quad - (-\pi-3)(-\cos(-\pi))$$
$$\quad + [\sin x]_{-\pi}^{\pi}$$
$$= \pi - 3 + \pi + 3$$
$$\quad + \sin\pi - \sin(-\pi)$$
$$= 2\pi$$

5.5 (1) 求める部分の面積を図示すると，図 5.10 のようになる．

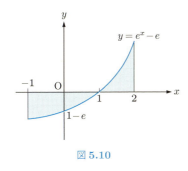

図 **5.10**

よって，$f(x) = e^x - e$ とおくと，区間 $[-1,1]$ において $f(x) \leqq 0$ で，区間 $[1,2]$ において $f(x) \geqq 0$ であるので，

$$\int_{-1}^{2}|e^x - e|\,dx$$
$$= \int_{-1}^{1}(-(e^x - e))\,dx$$
$$\quad + \int_{1}^{2}(e^x - e)\,dx$$
$$= [-e^x + ex]_{-1}^{1} + [e^x - ex]_{1}^{2}$$
$$= e^2 - e + e^{-1}$$

(2) 求める部分の面積を図示すると，図 5.11 のようになる．

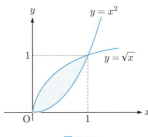

図 **5.11**

よって，区間 $[0,1]$ において $\sqrt{x} \geqq x^2$ なので，
$$\int_0^1 (\sqrt{x} - x^2)\,dx = \left[\frac{2}{3}x^{\frac{3}{2}} - \frac{1}{3}x^3\right]_0^1$$
$$= \frac{2}{3} - \frac{1}{3} = \frac{1}{3}$$

5.6 (1) $t = g(x)$ と置換すると，$\left(\dfrac{dt}{dx} = g'(x) \text{より}\right) dt = g'(x)\,dx$ である．よって，
$$\int \frac{g'(x)}{g(x)}\,dx = \int \frac{1}{t}\,dt$$
$$= \log t + C$$
$$= \log g(x) + C$$

(2) $\tan x = \dfrac{\sin x}{\cos x} = -\dfrac{(\cos x)'}{\cos x}$ なので，(1) の結果から，

$$\int_0^{\frac{\pi}{4}} \frac{\sin x}{\cos x}\,dx = -[\log \cos x]_0^{\frac{\pi}{4}}$$
$$= -\left(\log \frac{1}{\sqrt{2}} - \log 1\right)$$
$$= \log \sqrt{2}$$

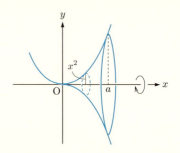

図 5.12

5.7 (1) 積分区間 $[-a, a]$ を $[-a, 0]$ と $[0, a]$ に分ける．前者の積分区間上の定積分は，$t = -x$ と置換して，
$$\int_{-a}^0 f(x)\,dx = \int_a^0 f(-t)(-1)\,dt$$
$$= \int_a^0 f(t)(-1)\,dt = \int_0^a f(t)\,dt$$
$$= \int_0^a f(x)\,dx$$
となる．よって，
$$\int_{-a}^a f(x)\,dx$$
$$= \int_{-a}^0 f(x)\,dx + \int_0^a f(x)\,dx$$
$$= \int_0^a f(x)\,dx + \int_0^a f(x)\,dx$$
$$= 2\int_0^a f(x)\,dx$$
を得る．

(2) $f(-x) = |-x| = |x| = f(x)$ である．よって，偶関数だから，
$$\int_{-1}^1 |x|\,dx = 2\int_0^1 |x|\,dx$$
$$= 2\int_0^1 x\,dx = 2\left[\frac{x^2}{2}\right]_0^1 = 1$$

5.8 (1) 求める回転体は図 5.12 のようになるので，

回転体の断面積は πx^4 である．したがって，
$$\int_0^a \pi x^4\,dx = \left[\frac{\pi}{5}x^5\right]_0^a = \frac{\pi}{5}a^5$$

(2) 求める回転体は図 5.13 のようになるので，

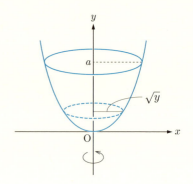

図 5.13

回転体の断面積は $\pi(\sqrt{y})^2 = \pi y$ である．したがって，
$$\int_0^a \pi y\,dy = \left[\frac{\pi}{2}y^2\right]_0^a = \frac{\pi}{2}a^2$$

5.9 $x = t$ とおくと，
$$y = \frac{1}{2}(e^t + e^{-t})$$
と媒介変数表示できる．これより，
$$\frac{dx}{dt} = 1, \quad \frac{dy}{dt} = \frac{1}{2}(e^t - e^{-t})$$

第 5 章　章末問題解答　　**135**

であるから，求める曲線の長さ L は，

$$L = \int_{-2}^{2} \sqrt{1 + \left(\frac{1}{2}(e^t - e^{-t})\right)^2}\, dt$$

$$= \frac{1}{2}\int_{-2}^{2} \sqrt{e^{2t} + 2 + e^{-2t}}\, dt$$

$$= \frac{1}{2}\int_{-2}^{2} \sqrt{(e^t + e^{-t})^2}\, dt$$

$$= \frac{1}{2}\int_{-2}^{2} (e^t + e^{-t})\, dt$$

$$= \frac{1}{2}(e^2 - e^{-2} - e^{-2} + e^2)$$

$$= e^2 - e^{-2}$$

▌第 5 章　章末問題解答

5.1　(1)

$$\frac{x^3 - x}{x^2 + 1} = \frac{x(x^2 + 1) - 2x}{x^2 + 1}$$

$$= x - \frac{(x^2 + 1)'}{x^2 + 1}$$

より，

$$\int \frac{x^3 - x}{x^2 + 1}\, dx$$

$$= \int \left(x - \frac{(x^2 + 1)'}{x^2 + 1}\right) dx$$

$$= \frac{x^2}{2} - \log(x^2 + 1) + C$$

(2) 部分積分すると，

$$\int x^2 \sin x\, dx = \int x^2 (-\cos x)'\, dx$$

$$= x^2(-\cos x) - \int 2x(-\cos x)\, dx$$

$$= -x^2 \cos x + 2x \sin x - 2\int \sin x\, dx$$

$$= -x^2 \cos x + 2x \sin x + 2\cos x + C$$

(3) $1 + \log x = t$ とおけば，

$$x = e^{t-1}, \quad \frac{dx}{dt} = e^{t-1} \quad (t > 0)$$

である．置換積分すると，

$$\int \frac{1}{x(1 + \log x)}\, dx = \int \frac{1}{e^{t-1}t}e^{t-1}\, dt$$

$$= \int \frac{1}{t}\, dt$$

$$= \log t + C$$

$$= \log(1 + \log x) + C$$

(4) $\sin\alpha\cos\beta = \frac{1}{2}(\sin(\alpha+\beta)+\sin(\alpha-\beta))$ を用いると，

$$\int \sin 2x \cos 3x\, dx$$

$$= \int \frac{1}{2}(\sin(2x + 3x)$$

$$+ \sin(2x - 3x))\, dx$$

$$= \frac{1}{2}\int (\sin 5x + \sin(-x))\, dx$$

$$= \frac{1}{2}\left(-\frac{1}{5}\cos 5x + \cos(-x)\right) + C$$

$$= -\frac{1}{10}\cos 5x + \frac{1}{2}\cos x + C$$

5.2　(1) $x^2 - 1 = t$ と置換すると，$\left(2x\dfrac{dx}{dt} = 1 \text{ より}\right)$ $2x\, dx = dt$ である．また，積分区間は

x	1	$\sqrt{5}$
t	0	4

と変換される．よって，

$$\int_{1}^{\sqrt{5}} x\sqrt{x^2 - 1}\, dx = \frac{1}{2}\int_{0}^{4} \sqrt{t}\, dt$$

$$= \frac{1}{2}\left[\frac{2}{3}t^{\frac{3}{2}}\right]_{0}^{4}$$

$$= \frac{1}{3}\cdot 2^3 = \frac{8}{3}$$

(2) 部分積分より，

$$\int_{-1}^{1} \frac{1-x}{e^x}\, dx = \int_{-1}^{1} (1-x)e^{-x}\, dx$$

$$= \left[(1-x)\frac{e^{-x}}{-1}\right]_{-1}^{1}$$

$$-\int_{-1}^{1} (-1)\frac{e^{-x}}{-1}\, dx$$

$$= 2e - \left[\frac{e^{-x}}{-1}\right]_{-1}^{1}$$

$$= 2e + e^{-1} - e = e + \frac{1}{e}$$

(3) $\dfrac{3}{x(x+3)} = \dfrac{1}{x} - \dfrac{1}{x+3}$ となるので,

$$\int_{1}^{2} \frac{3}{x(x+3)}\, dx$$

$$= \int_{1}^{2} \left(\frac{1}{x} - \frac{1}{x+3}\right) dx$$

$$= \int_{1}^{2} \frac{1}{x}\, dx - \int_{1}^{2} \frac{1}{x+3}\, dx$$

$$= [\log x]_{1}^{2} - [\log(x+3)]_{1}^{2}$$

$$= \log 2 - \log 1 - (\log 5 - \log 4)$$

$$= \log \frac{8}{5}$$

5.3 $F'(x) = f(x)$ なので, 合成関数の微分より

$$\frac{d}{dx}F(ax+b)$$

$$= f(ax+b) \cdot \frac{d}{dx}(ax+b)$$

$$= af(ax+b)$$

よって,

$$\frac{d}{dx}\left(\frac{1}{a}F(ax+b)\right) = f(ax+b)$$

が成り立つので, $\dfrac{1}{a}F(ax+b)$ は $f(ax+b)$ の原始関数である. したがって,

$$\int f(ax+b)\, dx = \frac{1}{a}F(ax+b) + C$$

5.4 $f(x)$ の原始関数を $F(x)$ $(F'(x) = f(x))$ とすると, 定積分の定義より

$$\int_{a}^{x} f(t)\, dt = F(x) - F(a)$$

両辺を微分して,

$$\frac{d}{dx}\int_{a}^{x} f(t)\, dt = \frac{d}{dt}\left(F(x) - F(a)\right)$$

$$= F'(x) = f(x)$$

5.5 (1) $\sqrt{1 - \sin x} = t$ と置換すると, $1 - \sin x = t^2$ から,

$$\left(-\cos x \frac{dx}{dt} = 2t \text{ より}\right) dx = -\frac{2t}{\cos x}\, dt$$

である. また, 積分区間は

x	0	$\dfrac{\pi}{2}$
t	1	0

と変換される. よって,

$$\int_{0}^{\frac{\pi}{2}} \frac{\cos x}{\sqrt{1 - \sin x}}\, dx$$

$$= -\int_{1}^{0} \frac{\cos x}{t} \frac{2t}{\cos x}\, dt$$

$$= \int_{0}^{1} 2\, dt = [2t]_{0}^{1} = 2$$

(2) 関数 $f(x) = \dfrac{1}{\cos x}$ は $f(x) = f(-x)$ を満たすので偶関数. したがって,

$$\int_{-\frac{\pi}{3}}^{\frac{\pi}{3}} \frac{1}{\cos x}\, dx = 2\int_{0}^{\frac{\pi}{3}} \frac{1}{\cos x}\, dx$$

$$= 2\int_{0}^{\frac{\pi}{3}} \frac{\cos x}{\cos^2 x}\, dx$$

$$= 2\int_{0}^{\frac{\pi}{3}} \frac{\cos x}{1 - \sin^2 x}\, dx$$

$\sin x = t$ と置換すると,

$$\left(\cos x \frac{dx}{dt} = 1 \text{ より}\right) dx = \frac{1}{\cos x}\, dt \text{ である}$$

る. また, 積分区間は

x	0	$\dfrac{\pi}{3}$
t	0	$\dfrac{\sqrt{3}}{2}$

と変換される. よって,

$$2\int_{0}^{\frac{\pi}{3}} \frac{\cos x}{1 - \sin^2 x}\, dx$$

$$= 2\int_{0}^{\frac{\sqrt{3}}{2}} \frac{\cos x}{1 - t^2} \cdot \frac{1}{\cos x}\, dt$$

第 5 章　章末問題解答　　137

$$= 2 \int_0^{\frac{\sqrt{3}}{2}} \frac{1}{(1-t)(1+t)} \, dt$$

$$= 2 \int_0^{\frac{\sqrt{3}}{2}} \frac{1}{2} \left(\frac{1}{1-t} + \frac{1}{1+t} \right) dt$$

$$= [\log(1+t) - \log(1-t)]_0^{\frac{\sqrt{3}}{2}}$$

$$= \log \left(1 + \frac{\sqrt{3}}{2} \right) - \log \left(1 - \frac{\sqrt{3}}{2} \right)$$

$$= \log \frac{2 + \sqrt{3}}{2 - \sqrt{3}} = 2 \log(2 + \sqrt{3})$$

(3)

$$\int e^{-2x} \sin 3x \, dx$$

$$= \int \left(-\frac{1}{2} e^{-2x} \right)' \sin 3x \, dx$$

$$= -\frac{1}{2} e^{-2x} \sin 3x$$
$$+ \frac{3}{2} \int e^{-2x} \cos 3x \, dx$$

$$= -\frac{1}{2} e^{-2x} \sin 3x$$
$$+ \frac{3}{2} \int \left(-\frac{1}{2} e^{-2x} \right)' \cos 3x \, dx$$

$$= -\frac{1}{2} e^{-2x} \sin 3x - \frac{3}{4} e^{-2x} \cos 3x$$
$$- \frac{9}{4} \int e^{-2x} \sin 3x \, dx$$

よって,

$$\int e^{-2x} \sin 3x \, dx$$

$$= -\frac{2}{13} e^{-2x} \sin 3x$$
$$- \frac{3}{13} e^{-2x} \cos 3x + C$$

5.6　(1) 囲まれた部分の面積のうち, 第 1
象限にある部分の面積を求め, それを 4 倍すれ
ばよい. $y \geqq 0$ のとき, $y = \sqrt{b^2 - \dfrac{b^2}{a^2} x^2}$
であり, 積分区間は $[0, a]$ である. よって,

$$4 \int_0^a \sqrt{b^2 - \frac{b^2}{a^2} x^2} \, dx$$

$$= 4 \frac{b}{a} \int_0^a \sqrt{a^2 - x^2} \, dx$$

$x = a \sin t$ と置換すると,

$\left(\dfrac{dx}{dt} = a \cos t \text{ より} \right) dx = a \cos t \, dt$ であ
る. また, 積分区間は,

x	0	a
t	0	$\dfrac{\pi}{2}$

と変換される. 一方, $0 \leqq t \leqq \dfrac{\pi}{2}$ において,
$\cos t \geqq 0$ なので,

$$\sqrt{a^2 - x^2} = \sqrt{a^2 - a^2 \sin^2 t}$$
$$= a\sqrt{\cos^2 t} = a \cos t$$

したがって,

$$4 \frac{b}{a} \int_0^a \sqrt{a^2 - x^2} \, dx$$

$$= 4 \frac{b}{a} \int_0^{\frac{\pi}{2}} a^2 \cos^2 t \, dt$$

$$= 4ab \int_0^{\frac{\pi}{2}} \frac{1 + \cos 2t}{2} \, dt$$

$$= 4ab \left[\frac{1}{2} t + \frac{1}{4} \sin 2t \right]_0^{\frac{\pi}{2}}$$

$$= 4ab \left(\frac{\pi}{4} + \frac{1}{4} \sin \pi \right)$$

$$= \pi ab$$

(2) 回転体の断面積は

$$\pi \left(\sqrt{b^2 - \frac{b^2}{a^2} x^2} \right)^2$$

なので, 公式より,

$$\int_{-a}^a \pi \left(b^2 - \frac{b^2}{a^2} x^2 \right) dx$$

$$= \pi \left[b^2 x - \frac{b^2}{3a^2} x^3 \right]_{-a}^a$$

$$= \pi \left(ab^2 - \frac{1}{3} ab^2 + ab^2 - \frac{1}{3} ab^2 \right)$$

$$= \frac{4}{3}\pi ab^2$$

(3) $x = \sqrt{a^2 - \dfrac{a^2}{b^2}y^2}$,

$-b \leqq y \leqq b$ より，回転体の断面積は

$$\pi \left(\sqrt{a^2 - \frac{a^2}{b^2}y^2} \right)^2$$

なので，公式より

$$\int_{-b}^{b} \pi \left(a^2 - \frac{a^2}{b^2}y^2 \right) dy$$

$$= \pi \left[a^2 y - \frac{a^2}{3b^2}y^3 \right]_{-b}^{b}$$

$$= \pi \left(a^2 b - \frac{1}{3}a^2 b + a^2 b - \frac{1}{3}a^2 b \right)$$

$$= \frac{4}{3}\pi a^2 b$$

5.7 (1) 速度を積分すると位置の変化量を求めることができる．

$$\int_{\frac{1}{2}}^{1} \cos \pi t \, dt$$

$$= \left[\frac{1}{\pi} \sin \pi t \right]_{\frac{1}{2}}^{1}$$

$$= \frac{1}{\pi} \sin \pi - \frac{1}{\pi} \sin \frac{\pi}{2}$$

$$= -\frac{1}{\pi}$$

(2) 総移動距離を求めるには，速度の絶対値を積分すればよい．

$$\int_{0}^{3} |\cos \pi t| \, dt$$

$$= 6 \int_{0}^{\frac{1}{2}} \cos \pi t \, dt$$

$$= 6 \left[\frac{1}{\pi} \sin \pi t \right]_{0}^{\frac{1}{2}}$$

$$= 6 \left(\frac{1}{\pi} \sin \frac{\pi}{2} - \frac{1}{\pi} \sin 0 \right)$$

$$= \frac{6}{\pi}$$

注 最初の等号は，図 5.14 より理解できるであろう．

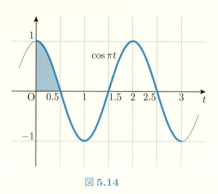

図 5.14

注 時刻 t における位置を $x(t)$ とおき，$a \leqq t \leqq b$ とする．このとき，速度 $x'(t)$ の $[a,b]$ での積分 $\int_{a}^{b} x'(t)\, dt = x(b) - x(a)$ は，最終時刻 $t=b$ での位置から初期時刻 $t=a$ での位置を引いたものであるから，速度を積分すると位置の変化量が求まることがわかる．また，速度の大きさ $|x'(t)|$ の $[a,b]$ での積分は，速度が正でも負でも移動した距離をすべて足し合わせることになるから，速度の絶対値を積分すると総移動距離が求まることがわかる．

第6章

ベクトル，行列，複素数

　ベクトルの定義と基本的な性質を述べ，行列論の初歩を学ぶ．特にベクトルの回転操作を表す回転行列に注目する．最後に複素数を簡単に導入するが，複素数に複素数をかけることはベクトルに回転行列をかけてベクトルを回転させる操作に他ならないことをみる．

1　ベクトル

1.1　ベクトルの定義

　始点 A から終点 B へ向かう矢印 (鏃付き線分) を有向線分 AB という．

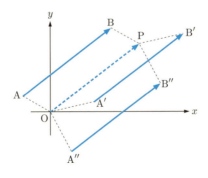

図 6.1　有向線分 AB とその平行移動

　図 6.1 のように，有向線分 AB を平行移動して，A → A′ → A″ のように始点を変えると，それにともない有向線分も AB → A′B′ → A″B″ のように

移動する.

逆の見方をすれば，平行移動して重なる有向線分は全て同じ「矢印」であるといえる．そこで同じ「矢印」とみなせる有向線分はすべて同じものであるとみなして，それをベクトル (vector) と名付ける．(vector は vehicle (乗り物) と同源．ラテン語で vect-や vehere は「運ぶ」という意味．) 通常，ベクトルの始点は原点 O にとる (図 6.1 と図 6.2).

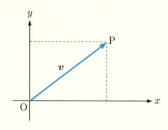

図 6.2　ベクトル $v = \overrightarrow{OP}$

ところで，xy 平面上の点 P の座標 (x, y) は「原点 O から点 P への移動量」とみなすことができるから，これより (x, y) が移動量としてベクトルを表すことがわかる．これを

$$\overrightarrow{OP} = (x, y), \quad \overrightarrow{OP} = \begin{pmatrix} x \\ y \end{pmatrix}$$

と表す．前者を横ベクトル (行ベクトル) とよび，後者を縦ベクトル (列ベクトル) とよぶ．x, y をベクトルの成分，詳しくはそれぞれ第一成分，第二成分とよぶ．また，太文字のアルファベットを使って，

$$v = \overrightarrow{OP}$$

などと表す．

縦ベクトルと横ベクトルの概念的差異を意識する必要はないが，以下にみるようにさまざまなベクトルの演算においては，縦ベクトルを使用した方が便利で見やすいので，今後はベクトルといったら縦ベクトルのことを指し，

典型的に以下のように表すことにする.

$$\boldsymbol{v} = \begin{pmatrix} x \\ y \end{pmatrix}$$

二つのベクトル

$$\boldsymbol{v}_1 = \begin{pmatrix} x_1 \\ y_1 \end{pmatrix}, \quad \boldsymbol{v}_2 = \begin{pmatrix} x_2 \\ y_2 \end{pmatrix}$$

の相等 $\boldsymbol{v}_1 = \boldsymbol{v}_2$ を, $x_1 = x_2, y_1 = y_2$ が同時に成立することと定義する. したがって, ベクトルの相等は, 実数の相等よりも制約の強い概念である.

1.2 ベクトルの和

ベクトルとベクトルの間に代数的演算を導入する. ベクトルを三つ用意し, それらを

$$\boldsymbol{v}_i = \begin{pmatrix} x_i \\ y_i \end{pmatrix} \qquad (i = 1, 2, 3)$$

とおく. そして, ベクトルの和を

$$\boldsymbol{v}_1 + \boldsymbol{v}_2 = \begin{pmatrix} x_1 + x_2 \\ y_1 + y_2 \end{pmatrix}$$

と定義する (図 6.3).

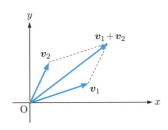

図 6.3 ベクトルの和

和について, 交換法則

$$\boldsymbol{v}_1 + \boldsymbol{v}_2 = \boldsymbol{v}_2 + \boldsymbol{v}_1$$

が成り立つ．図 6.4 (a) は左辺に，(b) は右辺に対応する．

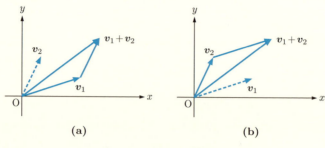

図 **6.4** ベクトルの交換法則

また，和について，**結合法則**

$$(v_1 + v_2) + v_3 = v_1 + (v_2 + v_3)$$

が成り立つ．図 6.5 (a) は左辺に，(b) は右辺に対応する．

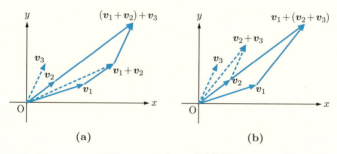

図 **6.5** ベクトルの結合法則

結合法則より，三つのベクトルの和について

$$v_1 + v_2 + v_3$$

という表記が許される．

問 6.1 ベクトルの和の定義を用いて，交換法則と結合法則を証明せよ．

1.3 ベクトルの実数倍と差

ベクトル $\boldsymbol{v} = \begin{pmatrix} x \\ y \end{pmatrix}$ のスカラー倍 (実数倍) を

$$\alpha \boldsymbol{v} = \begin{pmatrix} \alpha x \\ \alpha y \end{pmatrix}$$

と定義する．(スカラー (scalar) は尺度・スケール (scale) に由来する．図 6.6 を参照．)

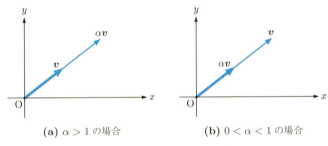

(a) $\alpha > 1$ の場合　　**(b)** $0 < \alpha < 1$ の場合

図 6.6　ベクトルのスカラー倍

ベクトル $\boldsymbol{v} = \begin{pmatrix} x \\ y \end{pmatrix}$ に対し，ベクトル $\begin{pmatrix} -x \\ -y \end{pmatrix}$ を $-\boldsymbol{v}$ と表し，$\boldsymbol{v}$ の逆ベクトルという (図 6.7)．これは，コンパスでいえば，のように，「北向きベクトル」の逆ベクトルは「南向きベクトル」ということに他ならない．

$$(-1)\boldsymbol{v} = -\boldsymbol{v}, \qquad \boldsymbol{v} + (-\boldsymbol{v}) = (-\boldsymbol{v}) + \boldsymbol{v} = \boldsymbol{0}$$

が成り立つ (問 6.2 (3))．ここで，$\boldsymbol{0} = \begin{pmatrix} 0 \\ 0 \end{pmatrix}$ を零ベクトルとよぶ (図 6.7)．

これより，ベクトル $\boldsymbol{u}, \boldsymbol{v}$ に対して，ベクトルの差を次のように定義する．

$$\boldsymbol{u} - \boldsymbol{v} = \boldsymbol{u} + (-\boldsymbol{v})$$

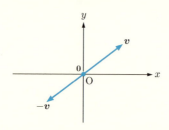

図 6.7 v の逆ベクトル $-v$ と零ベクトル $\mathbf{0}$

問 6.2 次の各問に答えよ.

(1) $u = \begin{pmatrix} 4 \\ 1 \end{pmatrix}, v = \begin{pmatrix} -1 \\ 2 \end{pmatrix}$ に対し, $-v, u+v, u-v$ を図示せよ.

(2) $u + v = \begin{pmatrix} 3 \\ 1 \end{pmatrix}, u - v = \begin{pmatrix} 1 \\ 3 \end{pmatrix}$ のとき, u, v の成分を計算して, 図示せよ.

(3) ベクトル $v = \begin{pmatrix} x \\ y \end{pmatrix}, v_i = \begin{pmatrix} x_i \\ y_i \end{pmatrix}$ $(i = 1, 2)$, およびスカラー α, β に対して, 以下の各演算が成り立つことを定義にもとづいて示せ.

　　(i) 　　$(-1)v = -v$ 　　　　(ii) 　$v + (-v) = (-v) + v = \mathbf{0}$
　　(iii) 　$1v = v$ 　　　　　　　(iv) 　$\alpha(\beta v) = (\alpha\beta)v$
　　(v) 　　$(\alpha + \beta)v = \alpha v + \beta v$ 　(vi) 　$\alpha(v_1 + v_2) = \alpha v_1 + \alpha v_2$

問 6.3 図 6.8 のような時計のベクトルを考える. 以下の各問に答えよ.

(1) 時計の中心から 1:00, 2:00, $\cdots$, 12:00 に向かう 12 個のベクトルの和 v_1 を求めよ.

(2) 4:00 のベクトルを消去したとき, 残りの 11 個のベクトルの和 v_2 を求めよ.

(3) 1:00 のベクトルの長さを半分にして, それに残りの 11 個のベクトルを足したときの和 v_3 を求めよ.

(4) 時計を単位円とする. 12 個のベクトルの始点を時計の中心 $\begin{pmatrix} 0 \\ 0 \end{pmatrix}$ から, 時計の底 $\begin{pmatrix} 0 \\ -1 \end{pmatrix}$ にする. $j = \begin{pmatrix} 0 \\ 1 \end{pmatrix}$ とするとき, 例えば, 6:00 のベクトルは零ベクトル $\mathbf{0}$, 12:00 のベクトルは $2j$ である. この新しい 12 個のベクトルの和 v_4 を求めよ.

図 6.8 時計のベクトル (太い矢印は 4:00 のベクトル)

1.4 ベクトルの大きさとなす角

ベクトル $\boldsymbol{v} = \begin{pmatrix} x \\ y \end{pmatrix}$ に対し，

$$|\boldsymbol{v}| = \sqrt{x^2 + y^2}$$

をベクトル $\boldsymbol{v}$ の大きさ (長さ) という (図 6.9).

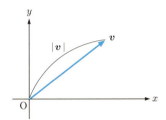

図 6.9 ベクトルの大きさ

ベクトルの大きさを利用して，ベクトル $\boldsymbol{v}_1$ と $\boldsymbol{v}_2$ のなす角 θ $(0 \leqq \theta \leqq \pi)$ が定義される (図 6.10).

図 6.10 の三角形に対して，余弦定理を適用すると

$$|\boldsymbol{v}_1 - \boldsymbol{v}_2|^2 = |\boldsymbol{v}_1|^2 + |\boldsymbol{v}_2|^2 - 2|\boldsymbol{v}_1||\boldsymbol{v}_2|\cos\theta \tag{6.1}$$

これより，$\cos\theta$, したがって θ が求まる．

特に，$\theta = \dfrac{\pi}{2}$ のときは，$\cos\theta = 0$ であるから，ピタゴラスの定理 (三平方の定理)

$$|\boldsymbol{v}_1 - \boldsymbol{v}_2|^2 = |\boldsymbol{v}_1|^2 + |\boldsymbol{v}_2|^2$$

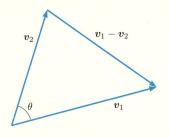

図 6.10 ベクトルのなす角

を得る．各ベクトルを $v_i = \begin{pmatrix} x_i \\ y_i \end{pmatrix}$ $(i = 1, 2)$ とすると，上式は，

$$x_1 x_2 + y_1 y_2 = 0 \tag{6.2}$$

となる．このとき，v_1 と v_2 は直交するといい，$v_1 \perp v_2$ と表す．

> 問 6.4 $v_1 = \begin{pmatrix} 4 \\ 2 \end{pmatrix}$, $v_2 = \begin{pmatrix} -1 \\ 2 \end{pmatrix}$ に対し，
>
> $$|v_1 + v_2|^2 = |v_1|^2 + |v_2|^2, \qquad |v_1 - v_2|^2 = |v_1|^2 + |v_2|^2$$
>
> を確認せよ．また，これらの等式が成り立たないような v_1, v_2 を構成し，余弦定理から v_1 と v_2 のなす角 θ の余弦を求めよ．

1.5　ベクトルの内積

(6.2) の左辺の量は重要である．一般に，二つのベクトル $v_1 = \begin{pmatrix} x_1 \\ y_1 \end{pmatrix}$ と $v_2 = \begin{pmatrix} x_2 \\ y_2 \end{pmatrix}$ に対して，次のように積を定義する．

$$v_1 \cdot v_2 = x_1 x_2 + y_1 y_2 \tag{6.3}$$

これを v_1 と v_2 の内積とよぶ．内積はスカラー量であるからスカラー積，また，その記号からドット積ともよばれる．

v_1 と v_2 の直交条件は,

$$v_1 \perp v_2 \iff v_1 \cdot v_2 = 0$$

となる (図 6.11).

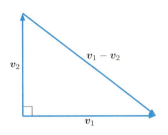

図 6.11 ベクトルの直交

内積の定義から,

$$v_1 \cdot v_2 = v_2 \cdot v_1$$

である.

また,簡単な計算から,

$$|v|^2 = v \cdot v, \qquad |v_1 - v_2|^2 = |v_1|^2 - 2v_1 \cdot v_2 + |v_2|^2$$

が確認できる.こうして,大きさと角度から

$$v_1 \cdot v_2 = |v_1||v_2|\cos\theta \tag{6.4}$$

のように内積が表現される.(これを内積の定義としてもよい.)

逆に,(大きさや角度を定義せずに) 内積 $v_1 \cdot v_2 = x_1 x_2 + y_1 y_2$ のみ定義しておいても,ベクトル v の大きさと ($\mathbf{0}$ でない) ベクトル v_1 と v_2 のなす角 θ を,それぞれ

$$|v| = \sqrt{v \cdot v}, \qquad \cos\theta = \frac{v_1 \cdot v_2}{|v_1||v_2|}$$

と定義できる (図 6.12).このように,内積は「大きさ」や「向き」の基礎となるものである.線形代数学のベクトル空間論 (線形空間論) を学ぶと内積の真の効能に触れられる.

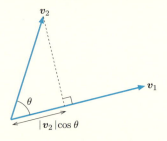

図 6.12 なす角の定義

問 6.5 α をスカラー，$\bm{v}_i = \begin{pmatrix} x_i \\ y_i \end{pmatrix}$ $(i = 1, 2, 3)$ を三つのベクトルとしたとき，内積の定義に従って，以下の三つが成り立つことを示せ．
(1) $(\alpha \bm{v}_1) \cdot \bm{v}_2 = \bm{v}_1 \cdot (\alpha \bm{v}_2) = \alpha (\bm{v}_1 \cdot \bm{v}_2)$
(2) $\bm{v}_1 \cdot (\bm{v}_2 + \bm{v}_3) = \bm{v}_1 \cdot \bm{v}_2 + \bm{v}_1 \cdot \bm{v}_3$
(3) $|\bm{v}_1 - \bm{v}_2|^2 = |\bm{v}_1|^2 - 2\bm{v}_1 \cdot \bm{v}_2 + |\bm{v}_2|^2$
 ((3) のヒント：$|\bm{v}_1 - \bm{v}_2|^2 = (\bm{v}_1 - \bm{v}_2) \cdot (\bm{v}_1 - \bm{v}_2)$)

問 6.6 $\bm{v} = \begin{pmatrix} 1 \\ 1 \end{pmatrix}$ と $\bm{w} = \begin{pmatrix} 1 \\ 5 \end{pmatrix}$ に対し，$\bm{w} - c\bm{v}$ が $\bm{v}$ に直交するように c を選べ．また，$\bm{v} \neq \bm{0}$ と $\bm{w}$ が任意の場合にこの直交性が成り立つような c の式を求めよ．

1.6 基本ベクトル

平面内に基本ベクトルとよばれる二つのベクトル

$$\bm{e}_1 = \begin{pmatrix} 1 \\ 0 \end{pmatrix}, \quad \bm{e}_2 = \begin{pmatrix} 0 \\ 1 \end{pmatrix}$$

の組をとる (図 6.13)．

このとき，以下の三つの性質が成り立つ．

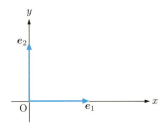

図 6.13　基本ベクトル

(1) 一意性．任意のベクトル $\bm{v} = \begin{pmatrix} x \\ y \end{pmatrix}$ は，
$$\bm{v} = x\bm{e}_1 + y\bm{e}_2$$
とただ一通りに表される (図 6.14).

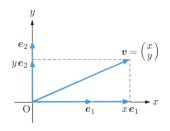

図 6.14　一意性

(2) 正規性．大きさは 1 である：$|\bm{e}_i| = 1 \ (i = 1, 2)$
(3) 直交性．互いに直交する：$\bm{e}_1 \cdot \bm{e}_2 = 0$

1.7　行列論に向けた問題提起

　基本ベクトルの特殊性は上でみたとおりであるが，これらだけが特別なベクトルなのだろうか．そこで次のような問いかけを考えてみる．任意のベク

150 第6章 ベクトル，行列，複素数

トル $\boldsymbol{v} = \begin{pmatrix} b_1 \\ b_2 \end{pmatrix}$ に対し，

$$\boldsymbol{v} = x_1 \boldsymbol{a}_1 + x_2 \boldsymbol{a}_2$$

となるような，実数の組 x_1, x_2 が必ずただ一組のみ存在するようなベクトルの組

$$\boldsymbol{a}_1 = \begin{pmatrix} a_{11} \\ a_{21} \end{pmatrix}, \qquad \boldsymbol{a}_2 = \begin{pmatrix} a_{12} \\ a_{22} \end{pmatrix}$$

が基本ベクトルの組 $\boldsymbol{e}_1, \boldsymbol{e}_2$ 以外に存在するか．

　この問には暗黙に仮定されていることがある．それは，もしそのような組が基本ベクトルの組 $\boldsymbol{e}_1$, $\boldsymbol{e}_2$ 以外に存在したとしても，それが二つのベクトルで構成されているとしていることである．そのような保証は現時点ではなされていないはずである．したがって，以下のような問いかけに改変される．

　問いかけ

任意のベクトル $\boldsymbol{v} = \begin{pmatrix} b_1 \\ b_2 \end{pmatrix}$ に対し，

$$\boldsymbol{v} = x_1 \boldsymbol{a}_1 + x_2 \boldsymbol{a}_2 + \cdots + x_k \boldsymbol{a}_k \tag{6.5}$$

となるような，実数の組 $x_1, x_2, \cdots, x_k$ が必ずただ一組のみ存在するようなベクトルの組

$$\boldsymbol{a}_1 = \begin{pmatrix} a_{11} \\ a_{21} \end{pmatrix}, \boldsymbol{a}_2 = \begin{pmatrix} a_{12} \\ a_{22} \end{pmatrix}, \cdots, \boldsymbol{a}_k = \begin{pmatrix} a_{1k} \\ a_{2k} \end{pmatrix}$$

が $\boldsymbol{e}_1$, $\boldsymbol{e}_2$ 以外に存在するか．また，存在したとしたとき，k の値は一定か．

　(6.5) を成分表示することにより，以下のような問題として提起される．

問題提起

与えられた b_1, b_2 に対し，連立 1 次方程式

$$\begin{cases} a_{11}x_1 + a_{12}x_2 + \cdots + a_{1k}x_k = b_1 \\ a_{21}x_1 + a_{22}x_2 + \cdots + a_{2k}x_k = b_2 \end{cases} \tag{6.6}$$

の解 $x_1, x_2, \cdots, x_k$ が一意となる係数 $a_{11}, \cdots, a_{2k}$ がどのくらいあるか.

この問題に答えるには，線形代数学における連立 1 次方程式論や行列論を本格的に展開しなければならない．それは本書の射程外であるためここではこれ以上深入りしない．しかし，次節においてもっとも単純だが重要な 2 次正方行列の導入とそれを用いてベクトルを変換する操作を紹介し，行列論の一端に触れることにする.

2 行列

2.1 連立 1 次方程式

前節で提起した問題における連立 1 次方程式 (6.6) の一般形を定義する.

> **定義** 与えられた mn 個の数 a_{ij} $\begin{pmatrix} i = 1, 2, \cdots, m \\ j = 1, 2, \cdots, n \end{pmatrix}$ と m 個の数 b_i
>
> $(i = 1, 2, \ldots, m)$ に対し，$x_1, x_2, \cdots, x_n$ を未知数とする方程式
>
> $$\begin{cases} a_{11}x_1 + \cdots + a_{1n}x_n = b_1 \\ a_{21}x_1 + \cdots + a_{2n}x_n = b_2 \\ \qquad\qquad \vdots \\ a_{m1}x_1 + \cdots + a_{mn}x_n = b_m \end{cases}$$
>
> を $x_1, x_2, \cdots, x_n$ についての連立 1 次方程式 ($m = 1$ の場合は単に 1 次方程式) という.

例 6.1 $m = n = 2$ のとき，与えられた四個の数 a_{ij} ($i = 1, 2$; $j = 1, 2$) と二個の数 b_i ($i = 1, 2$) に対し，x_1, x_2 を未知数とする連立 1 次方程式は，以

152   第6章　ベクトル，行列，複素数

下のようになる．

$$\begin{cases} a_{11}x_1 + a_{12}x_2 = b_1 \\ a_{21}x_1 + a_{22}x_2 = b_2 \end{cases}$$

2.2　連立1次方程式の典型的解法

次のつるかめ算の問題を加減法で解いてみよう．

　　「つるとかめが，あわせて7ひきいます．足数が20本のとき，
　　つるとかめはそれぞれ何びきずついるでしょうか」

つるの個体数をx，かめの個体数をyとおき，以下のように変形して解を求める．

$$\begin{cases} x + y = 7 \\ 2x + 4y = 20 \end{cases} \Rightarrow \begin{cases} 4x + 4y = 28 \\ 2x + 4y = 20 \end{cases} \Rightarrow \begin{cases} 2x = 8 \\ 2x + 4y = 20 \end{cases} \Rightarrow \begin{cases} 2x = 8 \\ 4y = 12 \end{cases} \Rightarrow \begin{cases} x = 4 \\ y = 3 \end{cases}$$

ここで，空欄や省略数字をあえて埋めると，

$$\begin{cases} 1x + 1y = 7 \\ 2x + 4y = 20 \end{cases} \Rightarrow \begin{cases} 4x + 4y = 28 \\ 2x + 4y = 20 \end{cases} \Rightarrow \begin{cases} 2x + 0y = 8 \\ 2x + 4y = 20 \end{cases} \Rightarrow \begin{cases} 2x + 0y = 8 \\ 0x + 4y = 12 \end{cases} \Rightarrow \begin{cases} 1x + 0y = 4 \\ 0x + 1y = 3 \end{cases}$$

さらに，数だけ抽出すると，

$$\begin{matrix} 1 & 1 & 7 \\ 2 & 4 & 20 \end{matrix} \Rightarrow \begin{matrix} 4 & 4 & 28 \\ 2 & 4 & 20 \end{matrix} \Rightarrow \begin{matrix} 2 & 0 & 8 \\ 2 & 4 & 20 \end{matrix} \Rightarrow \begin{matrix} 2 & 0 & 8 \\ 0 & 4 & 12 \end{matrix} \Rightarrow \begin{matrix} 1 & 0 & 4 \\ 0 & 1 & 3 \end{matrix}$$

となる．

ところで，数だけの抽出では少々落ち着かないので，括弧をつけて，

$$\begin{pmatrix} 1 & 1 & 7 \\ 2 & 4 & 20 \end{pmatrix} \Rightarrow \begin{pmatrix} 4 & 4 & 28 \\ 2 & 4 & 20 \end{pmatrix} \Rightarrow \begin{pmatrix} 2 & 0 & 8 \\ 2 & 4 & 20 \end{pmatrix} \Rightarrow \begin{pmatrix} 2 & 0 & 8 \\ 0 & 4 & 12 \end{pmatrix} \Rightarrow \begin{pmatrix} 1 & 0 & 4 \\ 0 & 1 & 3 \end{pmatrix}$$

としよう．そして，それぞれの$\begin{pmatrix} a & b & c \\ d & e & f \end{pmatrix}$という形の括弧ではさんだ長方形の数表を，次節のように行列というのである．

2.3　行列の定義

行列の一般的な定義を述べる．

定義　mn 個の数 a_{ij} (数といったら，実数あるいは複素数であるが，当面は実数と考えてよい．) $\begin{pmatrix} i = 1, 2, \ldots, m \\ j = 1, 2, \ldots, n \end{pmatrix}$ を長方形の形

$$A = \begin{pmatrix} a_{11} & a_{12} & \cdots & a_{1j} & \cdots & a_{1n} \\ a_{21} & a_{22} & \cdots & a_{2j} & \cdots & a_{2n} \\ \vdots & \vdots & & \vdots & & \vdots \\ a_{i1} & a_{i2} & \cdots & a_{ij} & \cdots & a_{in} \\ \vdots & \vdots & & \vdots & & \vdots \\ a_{m1} & a_{m2} & \cdots & a_{mj} & \cdots & a_{mn} \end{pmatrix} \quad \leftarrow 第 i 行 (row) \qquad \cdots (*)$$

↑

第 j 列 (column)

に並べたものを $m \times n$ 型行列 (m 行 n 列行列，マトリックス matrix) という (matrix は，鋳型，母体，基盤，発生源という意味)．a_{ij} を行列の成分，詳しくは (i, j) 成分，あるいは i 行 j 列成分などとよび，(i, j) 成分が a_{ij} である行列を (a_{ij}) と表す．それを例えば A と名付けて，

$$A = (a_{ij})$$

と表記する (行列の型は文脈から判断する)．これは $(*)$ の簡略化である．

(i, j) 成分 a_{ij} は，$a_{i,j}$ と書いてもよい．強調しておくが，

$$a_{ij}$$

において，i と j は a の下付き添え字である．また，行列は大文字で，成分は小文字で書くことが多い．例えば，

$$A = (a_{ij}), \quad B = (b_{ij}), \quad C = (c_{ij}), \quad F = (f_{ij}), \quad \cdots$$

154 　第6章　ベクトル，行列，複素数

しかし，決まりではない．（成分を $A = (A_{ij})$ と書くことも少なくない．）

　成分の数が少ないときは，添字を使わずに書く．行列の型とともにいくつかの例をあげよう．

1×2 型　　2×2 型　　3×2 型　　2×1 型　　3×1 型　　　3×3 型

$$(x \ \ y) \qquad \begin{pmatrix} a & b \\ c & d \end{pmatrix} \qquad \begin{pmatrix} a & b \\ c & d \\ e & f \end{pmatrix} \qquad \begin{pmatrix} x \\ y \end{pmatrix} \qquad \begin{pmatrix} x \\ y \\ z \end{pmatrix} \qquad \begin{pmatrix} a & b & c \\ x & y & z \\ u & v & w \end{pmatrix}$$

　行列 A と行列 B がともに $m \times n$ 型行列であった場合，A と B は同じ型の行列であるという．また，$n \times n$ 型行列を n 次正方行列とよぶ．n 次正方行列 $A = (a_{ij})$ の (i,i) 成分

$$a_{11}, \quad a_{22}, \quad \ldots, \quad a_{nn}$$

を対角成分という．

例 6.2　3次正方行列 $\begin{pmatrix} a & b & c \\ x & y & z \\ u & v & w \end{pmatrix}$ の対角成分は，a, y, w である．

　行列の中で，列数か行数が 1 である行列はベクトルともよばれる．$m \times 1$ 型行列

$$\begin{pmatrix} a_1 \\ a_2 \\ \vdots \\ a_m \end{pmatrix}$$

を m 次列ベクトル (縦ベクトル) といい，$1 \times n$ 型行列

$$(a_1 \ \ a_2 \ \ \cdots \ \ a_n)$$

を n 次行ベクトル (横ベクトル) という．成分の間にカンマ (,) をつけて，

$$(a_1, \ a_2, \cdots, \ a_n)$$

と書いてもよい．また，行列と区別して，ベクトルは，

$$\boldsymbol{x} = \begin{pmatrix} x \\ y \end{pmatrix}, \quad \boldsymbol{a} = \begin{pmatrix} 1 \\ 3 \\ -2 \end{pmatrix}, \quad \boldsymbol{v} = (u,\ v,\ w)$$

などのように (小文字の) 太字で表すことが多い．

2.4 行列の相等，和，スカラー倍

同じ型の行列に対して，行列の相等と和が定義される．また，行列のスカラー倍もベクトルのスカラー倍と同様に定義される．

定義 $A = (a_{ij}),\ B = (b_{ij})$ を $m \times n$ 型行列とする．

- A と B は等しい $\Leftrightarrow A = B \Leftrightarrow (a_{ij}) = (b_{ij})$

$$\Leftrightarrow a_{ij} = b_{ij} \begin{pmatrix} i = 1, 2, \cdots, m \\ j = 1, 2, \cdots, n \end{pmatrix}$$

- A と B の和 $\Leftrightarrow A + B \Leftrightarrow (a_{ij}) + (b_{ij}) = (a_{ij} + b_{ij})$

- A の k 倍 (スカラー倍) $\Leftrightarrow kA \Leftrightarrow k(a_{ij}) = (ka_{ij})$

例 6.3 　二つの行列が等しいとは，同じ型の行列で対応する成分が全て等しい場合にのみ言えるのであるから，通常の等号よりも条件が「厳しい」といえる．すなわち行列の相等は実数の相等よりも制約の強い概念である．

$$\begin{pmatrix} 1 & 2 \\ 3 & 4 \end{pmatrix} \neq \begin{pmatrix} 1 & 2 \\ 3 & 5 \end{pmatrix}$$

$$\begin{pmatrix} 1 & 2 \\ 3 & 4 \end{pmatrix} = \begin{pmatrix} 1 & x \\ 3 & 4 \end{pmatrix} \iff x = 2$$

156   第6章 ベクトル，行列，複素数

$$\begin{pmatrix} x & y \\ z & w \end{pmatrix} = \begin{pmatrix} a & b \\ c & d \end{pmatrix} \iff x = a \text{ かつ } y = b \text{ かつ } z = c \text{ かつ } w = d$$

問 6.7 $A = \begin{pmatrix} 1 & 2 \\ 3 & 4 \\ 5 & 6 \end{pmatrix}, B = \begin{pmatrix} 3 & 1 \\ 2 & -2 \\ 1 & -5 \end{pmatrix}$ としたとき，$2(A + B)$ を計算せよ．

問 6.8   定義にもとづいて，交換法則 $A + B = B + A$ が成り立つことを示せ．

問 6.8 より交換法則が成り立つので，**行列は加法について可換である**という．

定義   成分が全て 0 である行列を O と書き，**零行列**という．

例 6.4 $A = (a_{ij})$ と O は同じ型の行列とする．このとき，次が成り立つ．

$$A + O = (a_{ij}) + (0) = (a_{ij} + 0) = (a_{ij}) = A$$

$A = (a_{ij})$ に対して行列 $(-a_{ij})$ を $-A$ と表すと，

$$(-1)A = -A, \quad A + (-A) = O$$

が成り立つ．

定義   同じ型の行列 A, B に対して，行列の**差**を次のように定義する．

$$A - B = A + (-B)$$

問 6.9 $A = \begin{pmatrix} a & b \\ c & d \end{pmatrix}, X = \begin{pmatrix} x & y \\ z & w \end{pmatrix}$ としたとき，

$$A + X = A$$

となる X は零行列 O のみであることを示せ．

2.5 行列の積

　同じ型の二つの行列の和は，対応する各成分ごとの和として定義された．この定義は恐らく多くの人が「自然に」受け入れられる演算だろう．では，二つの行列の積はどのようなものが「自然な定義」なのだろうか．目的に応じて行列の積はさまざまに定義されるが，次の定義は，もっとも標準的な行列の積の定義として広く受け入れられているものである．この定義は一見不自然に思えるものであるが，その真の有用性は，線形代数学において線形写像を学ぶと納得できる．本書においては，後述の第2.6, 2.7節において，その有用性の一端を紹介する．（一般に，単に「行列の積」といったら次で定義されるものを指し，その他の行列の積は，アダマール積，クロネッカー積などと数学者の名前を冠して区別されている．）

> **定義**　$m \times n$ 型行列 $A = (a_{ij})$ と $n \times p$ 型行列 $B = (b_{ij})$ に対し，
>
> $$c_{ij} = \sum_{k=1}^{n} a_{ik}b_{kj} \quad \begin{pmatrix} i = 1, 2, \cdots, m \\ j = 1, 2, \cdots, p \end{pmatrix}$$
>
> を (i, j) 成分にもつ $m \times p$ 型行列 $C = (c_{ij})$ を A と B の積といい，AB と表す．すなわち，
>
> $$AB = \left(\sum_{k=1}^{n} a_{ik}b_{kj} \right) \quad \leftarrow (i, j) \text{ 成分が } \sum_{k=1}^{n} a_{ik}b_{kj} \text{ である行列}$$
>
> である．

行列の積の成分の別表現

　別の表現をすると，ベクトルのサイズが等しい行ベクトルと列ベクトルの内積が行列の積の成分となる．

　　（A の第 i 行ベクトル）・（B の第 j 列ベクトル）＝（AB の (i, j) 成分）

ここで，内積の意味は，行ベクトルの成分を縦に並べた縦ベクトルと列ベクトル（縦ベクトル）の内積とする．

158　第6章　ベクトル，行列，複素数

行列の積の概念図

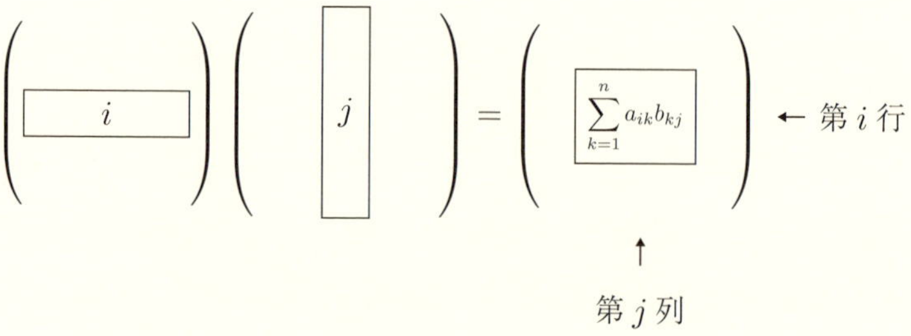

$$
\begin{pmatrix} \boxed{\quad i \quad} \end{pmatrix}
\begin{pmatrix} \boxed{\,j\,} \end{pmatrix}
=
\begin{pmatrix} \boxed{\displaystyle\sum_{k=1}^{n} a_{ik}b_{kj}} \end{pmatrix}
\;\leftarrow\; 第\,i\,行
$$

↑
第 j 列

例 6.5　簡単だが重要な 2×2 型行列と 2×1 型行列の積，すなわち，

「2次正方行列」と「2次列ベクトル」の積

は，

$$
\begin{pmatrix} a & b \\ c & d \end{pmatrix}
\begin{pmatrix} x \\ y \end{pmatrix}
=
\begin{pmatrix} ax + by \\ cx + dy \end{pmatrix}
$$

のように計算される．

　2次正方行列 A と B の積は，

「A」と $\boxed{B\,の1列目の列ベクトル}$ の積が

$\underline{AB\,の1列目の列ベクトル}$

「A」と $\boxed{B\,の2列目の列ベクトル}$ の積が

$\underline{AB\,の2列目の列ベクトル}$

となる．すなわち，

$$
\begin{pmatrix} a & b \\ c & d \end{pmatrix}
\begin{pmatrix} x & u \\ y & v \end{pmatrix}
=
\begin{pmatrix} ax + by & au + bv \\ cx + dy & cu + dv \end{pmatrix}
$$

図 6.15 はこの積のイメージである．

例 6.6　任意の実数 a に対して，$a \times 1 = a$ はつねに成り立つ．任意の2次正方行列 A に対して，$AX = A$ がつねに成り立つような2次正方行列 X は

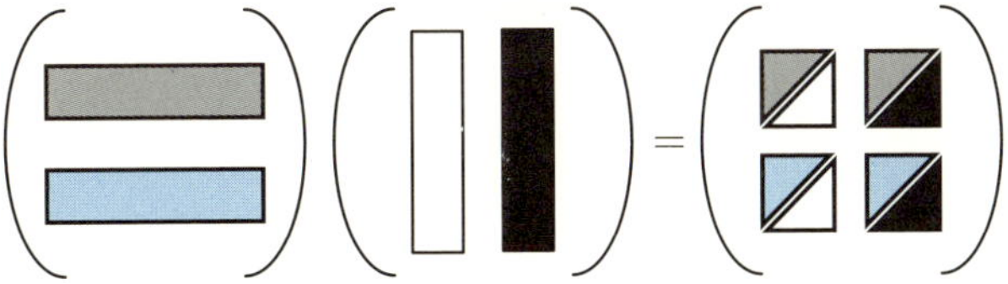

図 6.15　行列の積のイメージ

なんであろうか．これは，

$$A = \begin{pmatrix} a & b \\ c & d \end{pmatrix}, \quad X = \begin{pmatrix} x & y \\ z & w \end{pmatrix}$$

とおいて，連立 1 次方程式 $AX = A$ から x, y, z, w を決定すればよい．実際，

$$AX = \begin{pmatrix} ax + bz & ay + bw \\ cx + dz & cy + dw \end{pmatrix} = A = \begin{pmatrix} a & b \\ c & d \end{pmatrix}$$

から，

$$a(x - 1) + bz = 0, \quad ay + b(w - 1) = 0$$
$$c(x - 1) + dz = 0, \quad cy + d(w - 1) = 0$$

を得る．1 段目の二つの式をそれぞれ d 倍 (c 倍)，2 段目の二つの式をそれぞれ b 倍 (a 倍) して，辺々引いて，

$$(ad - bc)(x - 1) = 0, \quad (ad - bc)y = 0$$
$$(ad - bc)z = 0, \qquad (ad - bc)(w - 1) = 0$$

を得る．よって，$ad - bc \neq 0$ のとき，$x = w = 1$, $y = z = 0$ となる．

このときの行列 X を，特別な記号で，

$$E = \begin{pmatrix} 1 & 0 \\ 0 & 1 \end{pmatrix}$$

と書いて，単位行列とよぶ．

計算するとわかるように，任意の行列 $A = \begin{pmatrix} a & b \\ c & d \end{pmatrix}$ に対して ($ad - bc$ が

160 第 6 章 ベクトル，行列，複素数

0 であってもなくても），

$$AE = A$$

が成り立つ．これは命題「$X = E \Rightarrow AX = A$」が真であることを示している．実数 a に対して $a1 = a$ はつねに成り立つが，単位行列 E は，このような実数の乗法における 1 (単位) の役割を果たしているのでその名に「単位」と冠している．（E はドイツ語の **Einheit** (単位) の頭文字である．しばしば，E の代わりに I も使われるが，この場合は **identity** (恒等的) の頭文字であろう．）

一方，逆の命題「$AX = A \Rightarrow X = E$」は必ずしも成り立たないことに注意しよう (問 6.10)．

| 問 6.10　　主張「$AX = A \Rightarrow X = E$」が成り立たない行列 A の例を挙げよ．

例 6.7　　2 次正方行列 A と B に対し，$A + B = B + A$ はつねに成り立つが，$AB = BA$ はつねに成り立つだろうか．例えば，

$$A = \begin{pmatrix} 1 & 2 \\ 3 & 4 \end{pmatrix}, \qquad B = \begin{pmatrix} 2 & 3 \\ 4 & 5 \end{pmatrix}$$

ならば，

$$AB = \begin{pmatrix} 1 \times 2 + 2 \times 4 & * \\ * & * \end{pmatrix} = \begin{pmatrix} 10 & * \\ * & * \end{pmatrix}$$

$$BA = \begin{pmatrix} 2 \times 1 + 3 \times 3 & * \\ * & * \end{pmatrix} = \begin{pmatrix} 11 & * \\ * & * \end{pmatrix}$$

であるから，(すべての成分を計算するまでもなく) $AB \neq BA$ がわかる．ここで，$*$ には適当な数が入る．すべて同じ数という意味ではない．

この例より，**行列は乗法について必ずしも可換でない**ことがわかる．

一方，次の例のように可換になる行列もある．

例 **6.8** 実数 α に対して,

$$R(\alpha) = \begin{pmatrix} \cos\alpha & -\sin\alpha \\ \sin\alpha & \cos\alpha \end{pmatrix}$$

とおく. 例えば,

$$R(0) = \begin{pmatrix} 1 & 0 \\ 0 & 1 \end{pmatrix} = E, \quad R\left(\frac{\pi}{4}\right) = \frac{1}{\sqrt{2}}\begin{pmatrix} 1 & -1 \\ 1 & 1 \end{pmatrix}, \quad R\left(\frac{\pi}{2}\right) = \begin{pmatrix} 0 & -1 \\ 1 & 0 \end{pmatrix}$$

である.

一般に, 任意の実数 α, β に対して,

$$R(\alpha)R(\beta) = R(\alpha+\beta)$$

が成り立つ (問 6.11). さらに, $\cos(\alpha+\beta) = \cos(\beta+\alpha)$ かつ $\sin(\alpha+\beta) = \sin(\beta+\alpha)$ であるから, $R(\alpha+\beta) = R(\beta+\alpha)$ である. よって,

$$R(\alpha)R(\beta) = R(\alpha+\beta) = R(\beta+\alpha) = R(\beta)R(\alpha)$$

となる. これは, 2 次正方行列 A と B に対し $AB = BA$ となる例である.

> 問 **6.11**　任意の実数 α, β に対して, $R(\alpha)R(\beta) = R(\alpha+\beta)$ が成り立つことを示せ.

2.6　回転行列

例 6.8 の行列 $R(\alpha)$ について考える. 本節と次節で, 前節において定義した一見不自然な行列の積の定義の有難味, すなわち有用性の一端を感じられるであろう. その真の有用性は, 線形代数学における線形写像を学ぶと納得できるはずだ.

行列 $R(\alpha)$ と基本ベクトル $\boldsymbol{e}_1$ の積は,

$$R(\alpha)\boldsymbol{e}_1 = \begin{pmatrix} \cos\alpha & -\sin\alpha \\ \sin\alpha & \cos\alpha \end{pmatrix}\begin{pmatrix} 1 \\ 0 \end{pmatrix} = \begin{pmatrix} \cos\alpha \\ \sin\alpha \end{pmatrix}$$

となって，行列 $R(\alpha)$ の第 1 列の列ベクトルが得られる．このベクトルを

$$r(\alpha) = \begin{pmatrix} \cos\alpha \\ \sin\alpha \end{pmatrix}$$

と書くことにすると，$R(\alpha)e_1 = r(\alpha)$ である．

ベクトル e_1 と $r(\alpha)$ の関係は図 6.16 (a) のようである．すなわち，ベクトル $r(\alpha)$ は，x 軸とのなす角が α の大きさが 1 のベクトルであり，ベクトル e_1 を反時計回りに α だけ回転させたベクトルということもできる．

一方，行列 $R(\alpha)$ と基本ベクトル e_2 の積は，

$$R(\alpha)e_2 = \begin{pmatrix} \cos\alpha & -\sin\alpha \\ \sin\alpha & \cos\alpha \end{pmatrix} \begin{pmatrix} 0 \\ 1 \end{pmatrix} = \begin{pmatrix} -\sin\alpha \\ \cos\alpha \end{pmatrix}$$

となり，行列 $R(\alpha)$ の第 2 列の列ベクトルが得られる．このベクトルは，

$$r\left(\alpha + \frac{\pi}{2}\right) = \begin{pmatrix} \cos\left(\alpha + \frac{\pi}{2}\right) \\ \sin\left(\alpha + \frac{\pi}{2}\right) \end{pmatrix} = \begin{pmatrix} -\sin\alpha \\ \cos\alpha \end{pmatrix}$$

より，ベクトル $r(\alpha)$ を反時計回りに $\frac{\pi}{2}$ だけ回転させたベクトルであり，ベクトル e_2 を反時計回りに α だけ回転させたベクトルということもできる．

ベクトル e_2 と $r\left(\alpha + \frac{\pi}{2}\right)$ の関係は図 6.16 (b) のようである．

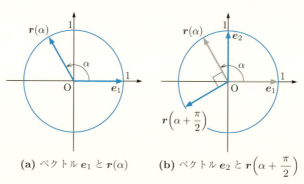

(a) ベクトル e_1 と $r(\alpha)$ (b) ベクトル e_2 と $r\left(\alpha + \frac{\pi}{2}\right)$

図 6.16

次に，行列 $R(\beta)$ とベクトル $r(\alpha)$ の積は，

$$R(\beta)r(\alpha) = \begin{pmatrix} \cos\beta & -\sin\beta \\ \sin\beta & \cos\beta \end{pmatrix} \begin{pmatrix} \cos\alpha \\ \sin\alpha \end{pmatrix}$$

$$= \begin{pmatrix} \cos\beta\cos\alpha - \sin\beta\sin\alpha \\ \sin\beta\cos\alpha + \cos\beta\sin\alpha \end{pmatrix} \stackrel{(*)}{=} \begin{pmatrix} \cos(\alpha+\beta) \\ \sin(\alpha+\beta) \end{pmatrix} = r(\alpha+\beta)$$

となって，$r(\alpha)$ を反時計回りに β だけ回転させたベクトルが得られる．ここで，等号 $(*)$ において，第一成分と第二成分の等式変形はそれぞれ加法定理 (第 3 章 1.3 節) に他ならない．

ベクトル $r(\alpha)$ と $r(\alpha+\beta)$ の関係は図 6.17 のようである．

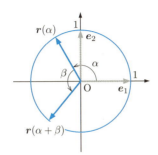

図 **6.17** ベクトル $r(\alpha)$ と $r(\alpha+\beta)$

任意の $\mathbf{0}$ でないベクトル $x = \begin{pmatrix} a \\ b \end{pmatrix}$ は，$x = \sqrt{a^2+b^2} \begin{pmatrix} \dfrac{a}{\sqrt{a^2+b^2}} \\ \dfrac{b}{\sqrt{a^2+b^2}} \end{pmatrix}$ と

変形できるから，$\rho = \sqrt{a^2+b^2} = |x|$ として，ある実数 α を用いて，

$$x = \rho \begin{pmatrix} \cos\alpha \\ \sin\alpha \end{pmatrix} = \rho r(\alpha), \qquad \cos\alpha = \frac{a}{\rho}, \qquad \sin\alpha = \frac{b}{\rho}$$

と表すことができる．これより，

$$R(\beta)x = \rho R(\beta)r(\alpha) = \rho r(\alpha+\beta)$$

がわかる．

以上より，任意の ($\boldsymbol{0}$ でない) ベクトルに，行列 $R(\theta)$ を (左から) かけると，そのベクトルは θ だけ反時計回りに回転したベクトルとなる．このことから，行列 $R(\theta)$ は回転行列とよばれる．特に，$\theta = 0$ のとき，$R(0) = E$ であるから，$E\boldsymbol{r}(\alpha) = \boldsymbol{r}(\alpha)$ である．これは無回転を意味している．

2.7 回転の合成と逆回転

例 6.8 でみたように，$R(\gamma)R(\beta) = R(\beta + \gamma)$ であるから，$\boldsymbol{r}(\alpha)$ を反時計回りに β だけ回転させ，さらに γ だけ回転させたベクトルは，はじめから，$\beta + \gamma$ だけ回転させたベクトルに等しい．すなわち，

$$R(\gamma)(R(\beta)\boldsymbol{r}(\alpha)) = R(\gamma)\boldsymbol{r}(\alpha + \beta) = \boldsymbol{r}(\alpha + \beta + \gamma) = R(\beta + \gamma)\boldsymbol{r}(\alpha)$$

これより，$R(\gamma)R(\beta) = R(\beta + \gamma)$ を回転の合成という．

前節最後に述べたように $R(0) = E$ は無回転に対応している．回転の合成において，$\gamma = -\beta$ のとき

$$R(-\beta)R(\beta) = R(\beta + (-\beta)) = R(0) = E$$

である．よって，

$$R(-\beta)R(\beta)\boldsymbol{r}(\alpha) = R(-\beta)\boldsymbol{r}(\alpha + \beta) = E\boldsymbol{r}(\alpha) = \boldsymbol{r}(\alpha)$$

より，ベクトルに行列 $R(-\beta)$ を左からかけることは，回転行列 $R(\beta)$ の逆回転の作用に対応する (図 6.18)．

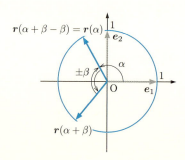

図 6.18　$R(-\beta)R(\beta)\boldsymbol{r}(\alpha) = \boldsymbol{r}(\alpha + \beta - \beta) = \boldsymbol{r}(\alpha)$

2 行列　　165

これより $R(-\beta)$ を $R(\beta)$ の逆回転行列とよぶことにする．すなわち，A を回転行列としたとき，$AX = XA = E$ を満たす行列 X は A の逆回転行列である．

> **問 6.12**　任意の実数 α に対して，$R(-\alpha)$ は $R(\alpha)$ の逆回転行列であるが，逆に $R(\alpha)$ の逆回転行列は $R(-\alpha)$ のみといえるか．すなわち，$R(\alpha)X = XR(\alpha) = E$ を満たす行列 X は $R(-\alpha)$ のみか．

2.8　逆行列

一般に，A を正方行列としたとき，

$$AX = XA = E$$

を満たす正方行列 X を A の逆行列 (**inverse** matrix) という．

問題提起

任意の正方行列 A に対して，その逆行列は必ず存在するか．また，存在したときそれは (A に対して) 一意に定まるのか．

後半の問いは，以下のように解決することができる．すなわち，正方行列 A に対して，その逆行列が存在するとしたとき，それは唯一つに定まることは，行列の積に関する結合法則 $(AB)C = A(BC)$ を使えば，以下のように証明できる．

A の逆行列が二つあったとして，それを X と Y とする．すなわち，$AX = XA = E$ かつ $AY = YA = E$ である．このとき，単位行列 E と結合法則を用いると，

$$X = XE = X(AY) = (XA)Y = EY = Y$$

となる．よって，正方行列 A の逆行列はそれが存在したら，唯一つである．

A の逆行列を A^{-1} と表す．（A^{-1} はエー・インバースと読む．）　例えば，回転行列 $R(\alpha)$ の逆行列は逆回転行列 $R(-\alpha)$ であり，それが唯一の逆

166   第 6 章　ベクトル，行列，複素数

行列で，

$$R(\alpha)^{-1} = R(-\alpha)$$

と表記される．

　ここで，行列の積に関する結合法則 $(AB)C = A(BC)$ は証明すべきこと
であるが，その証明は線形代数学に譲ろう．

　上の問題，本質的には，ある関数 (変換) に対して，その逆関数 (逆変換) が
存在するかという問題は，線形代数学の主要テーマの一つであるが，A が 2
次正方行列 $A = \begin{pmatrix} a & b \\ c & d \end{pmatrix}$ の場合は，$X = \begin{pmatrix} x & y \\ z & w \end{pmatrix}$ として，連立 1 次方程
式を解くことにより A の逆行列を求めることができる．

　実際，$AX = E$ を書き下すと，連立 1 次方程式

$$ax + bz = 1, \quad ay + bw = 0$$
$$cx + dz = 0, \quad cy + dw = 1$$

となるが，単位行列 E を導入したときの例 6.6 の計算のように，1 段目の二
つの式をそれぞれ d 倍 (c 倍)，2 段目の二つの式をそれぞれ b 倍 (a 倍) して，
辺々引いて，

$$(ad - bc)x = d, \quad (ad - bc)y = -b$$
$$(ad - bc)z = -c, \quad (ad - bc)w = a$$

を得る．ここで，$ad - bc = 0$ のとき，上の四つの式から $a = b = c = d = 0$
となる．すなわち $A = O$ であるが，明らかに $OX = E$ は成り立たない．こ
れより，連立 1 次方程式 $AX = E$ が解をもつためには，$ad - bc \neq 0$ である
ことが必要である．

　一方，$ad - bc \neq 0$ ならば，上の四つの式から

$$X = \frac{1}{ad - bc} \begin{pmatrix} d & -b \\ -c & a \end{pmatrix}$$

がわかる．

したがって，$ad - bc \neq 0$ は，連立 1 次方程式 $AX = E$ が解をもつため
の必要十分条件である．$A = \begin{pmatrix} a & b \\ c & d \end{pmatrix}$ に対して，$ad - bc$ を A の行列式
(**det**erminant) とよび，**det A** と表す．

以上より，2 次正方行列 A に対して，次のことがわかった．

$$A \text{ が逆行列をもつ} \iff \det A \neq 0$$

一般の正方行列 A に対しても，まったく同様の事実が証明されるが，これ
も線形代数学のハイライトの一つである．

> **問 6.13** 任意の実数 α に対して $\det R(\alpha) = 1$ であることを示せ．

これより回転行列の行列式の値は 1 であることがわかった．行列式の値が
1 である行列は特別な行列であることを補述して (それも線形代数学で明ら
かとなる)，行列の節を終わりにする．

3 複素数

3.1 虚数単位 i

2 乗すると -1 になる「数」の一つを i と書いて，それを虚数単位とよぶ．
すなわち，$i^2 = -1$ である．そして，実数 x, y に対して，$z = x + yi$ と表
される数 z を複素数 (complex number) といい，x を z の実部 (**real** part)，
y を z の虚部 (**im**aginary part) という．($x = \operatorname{Re} z, y = \operatorname{Im} z$ と表す．)
complex は「複合的な」という意味である．すなわち複素数は実部 x と虚部
y の複合された数である．次は規約とする．

『$x + yi$ を $x + iy$ と書いてもよい』

また，$y = 0$ のとき $x + 0i = x$ と書く (特に $0 + 0i = 0$)．

実数と直線上の点を対応させたように，実数には数直線という「可視化」
がなされていてわかりやすい．複素数にも複素平面という「可視化」がな
されていて，そこでは，複素数と平面上の点を対応させている．すなわち，
図 6.19 において，xy 平面上の点 (x, y) と複素平面上の点 $z = x + yi$ は，同

一の点を表すとみなしている．

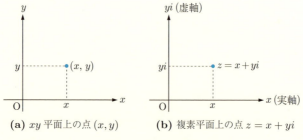

(a) xy 平面上の点 (x, y) **(b)** 複素平面上の点 $z = x + yi$

図 **6.19**　xy 平面と複素平面

　それでは，複素平面における虚軸，虚数単位 i の役割は何だろうか．図 6.20 は，その役割を説明したものである．すなわち，図 6.20 (a) のように $a \times (-1)$ が 180 度 (π) 回転を表すと考えたとき，結合法則を用いて

$$a \times (-1) = a \times (i \times i) = (a \times i) \times i$$

と分解すると，図 6.20 (b) のように $\times i$ は 90 度 $\left(\dfrac{\pi}{2}\right)$ 回転を表しているとみなせる．

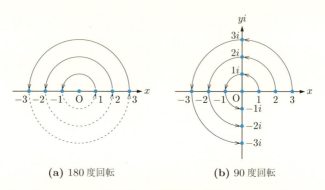

(a) 180 度回転　　　**(b)** 90 度回転

図 **6.20**　虚数単位 i の役割

例題 6.9　$\times (-i)$ と $\times (-1) \times i$ はそれぞれ何度の回転を表しているとみなせるか．

答 ×($-i$) は，-90 度の回転を表しているとみなせる．一方，×(-1) × i は，$180 + 90 = 270$ 度の回転を表しているとみなせる． **終**

-90 度回転と 270 度回転の結果は同じだから，$-i$ は $(-1)i$ と同一視してもよいことが示唆される．

任意角度の回転はどのように表すのであろうか．

3.2 回転

複素数 $z = x + yi$ に対して，$|z| = \sqrt{x^2 + y^2}$ を z の絶対値という．絶対値が 1 の複素数 $z = x + yi$ は，$x^2 + y^2 = 1$ を満たすから，単位円 $x^2 + y^2 = 1$ 上にある．したがって，ある実数 α に対して，

$$z = \cos\alpha + i\sin\alpha$$

と書かれる．実数 α に対して，

$$\phi(\alpha) = \cos\alpha + i\sin\alpha \tag{6.7}$$

と書くことにする．

xy 平面上のベクトル $\boldsymbol{r}(\alpha) = \begin{pmatrix} \cos\alpha \\ \sin\alpha \end{pmatrix}$ は，x 軸とのなす角が α で大きさが 1 で，単位円上に位置する．図 6.21 のように，xy 平面上のベクトル $\boldsymbol{r}(\alpha)$ と複素平面上の複素数 $\phi(\alpha)$ は同一の点を表している．

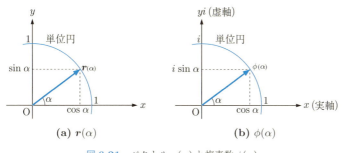

図 6.21 ベクトル $\boldsymbol{r}(\alpha)$ と複素数 $\phi(\alpha)$

170   第6章　ベクトル，行列，複素数

ベクトル $r(\alpha)$ を回転行列 $R(\beta)$ を使って，反時計回りに β 回転させたベクトルは，$r(\alpha+\beta) = R(\beta)r(\alpha)$ だった．

一方，加法定理 (第3章1.3節) から，実数 α，β に対して，

$$\phi(\alpha)\phi(\beta) = (\cos\alpha + i\sin\alpha)(\cos\beta + i\sin\beta)$$

$$= \cos\alpha\cos\beta - \sin\alpha\sin\beta + i(\sin\alpha\cos\beta + \cos\alpha\sin\beta)$$

$$= \cos(\alpha+\beta) + i\sin(\alpha+\beta)$$

$$= \phi(\alpha+\beta) \tag{6.8}$$

が成り立つ．

xy 平面上のベクトル $r(\alpha)$，$r(\alpha+\beta)$ と複素平面上の複素数 $\phi(\alpha)$，$\phi(\alpha+\beta)$ は，それぞれ同一の点を表しているから，

　　　　　ベクトル $r(\alpha)$ に回転行列 $R(\beta)$ を左から掛けること

と，

　　　　　複素数 $\phi(\alpha)$ に複素数 $\phi(\beta)$ を掛けること

は，実質同じ操作をしていることになる．

コラム 7 (加法定理の奥行：オイラーの公式)　実数から複素数へ拡張がなされたように，さまざまな関数 $f(x)$ も複素数 z を変数とする複素関数 $f(z)$ に拡張することができる．例えば，指数関数 $e^x = \sum_{n=0}^{\infty} \dfrac{x^n}{n!}$ の実数 x を純虚数 $i\theta$ に置き換えることができて，これより，

$$e^{i\theta} = \cos\theta + i\sin\theta$$

が成り立つことがわかる．これをオイラーの公式という．こうして指数関数 e^x は複素変数 $z = x + iy$ の指数関数 $e^z = e^x(\cos y + i\sin y)$ に拡張される．オイラーの公式において $\theta = \pi$ とすると $e^{i\pi} = -1$ となる．すなわち，

$$e^{i\pi} + 1 = 0$$

が成り立つ．数学において重要な数 $0, 1, \pi, e, i$ が一つの関係式で表される．オイラーの公式は三角関数と指数関数という無関係な関数が複素数の世界では結びついているという不思議な関係式であるが，それに含まれる関係式 $e^{i\pi} + 1 = 0$ も象徴的である．

オイラーの公式は (6.7) の左辺を $e^{i\alpha}$ と表したものに他ならないから，(6.8) の計算は，

$$e^{i\alpha} e^{i\beta} = e^{i(\alpha+\beta)}$$

という指数法則を示している．すなわち，複雑にみえた三角関数の加法定理 (第 3 章 1.3 節) が，複素数の世界では単なる指数法則になることがわかる．この事実は，三角関数の加法定理が単なる複雑な公式以上の価値を持つことを感じさせる．

一般の 0 でない複素数 $z = x + yi$ は，

$$z = \sqrt{x^2 + y^2} \left(\frac{x}{\sqrt{x^2 + y^2}} + i \frac{y}{\sqrt{x^2 + y^2}} \right)$$

と変形できるから，$\rho = \sqrt{x^2 + y^2} = |z| \neq 0$ として，ある実数 α を用いて，

$$z = \rho(\cos\alpha + i\sin\alpha) = \rho\phi(\alpha), \qquad \cos\alpha = \frac{x}{\rho}, \qquad \sin\alpha = \frac{y}{\rho}$$

と表すことができる．これより，

$$\phi(\beta)\, z = \rho\phi(\beta)\,\phi(\alpha) = \rho\phi(\alpha + \beta)$$

がわかる．

以上より，任意の (0 でない) 複素数 z に，大きさ 1 の複素数 $\phi(\theta)$ をかけると，複素数 z は (z の表す点を P として，線分 OP を) θ だけ反時計回りに回転した位置の複素数となる．

さらに，一般に任意の (0 でない) 複素数 z, w は，ある実数 α, β を用いて，

$$z = |z|\phi(\alpha),\ w = |w|\phi(\beta)$$

172   第6章　ベクトル，行列，複素数

と書けるから，複素数の積 zw は，

$$zw = |z||w|\phi(\alpha + \beta)$$

となる．すなわち，

　　複素数の積は，回転とスカラー倍 (伸縮) を同時におこなう操作
であることがわかる．

問 6.14　任意の実数 α に対して，$\phi(-\alpha)\phi(\alpha) = 1$ となることを示せ．また，$z\phi(\alpha) = \phi(\alpha)z = 1$ となる複素数 z は $\phi(-\alpha)$ のみであることを示せ．

第 6 章　問の解答

6.1　和の定義にもとづいて，各成分における実数の交換法則と結合法則に帰着して証明する．

交換法則：
$$v_1 + v_2 = \begin{pmatrix} x_1 + x_2 \\ y_1 + y_2 \end{pmatrix}$$
$$= \begin{pmatrix} x_2 + x_1 \\ y_2 + y_1 \end{pmatrix}$$
$$= v_2 + v_1$$

結合法則：
$$(v_1 + v_2) + v_3$$
$$= \begin{pmatrix} x_1 + x_2 \\ y_1 + y_2 \end{pmatrix} + \begin{pmatrix} x_3 \\ y_3 \end{pmatrix}$$
$$= \begin{pmatrix} (x_1 + x_2) + x_3 \\ (y_1 + y_2) + y_3 \end{pmatrix}$$
$$= \begin{pmatrix} x_1 + (x_2 + x_3) \\ y_1 + (y_2 + y_3) \end{pmatrix}$$
$$= \begin{pmatrix} x_1 \\ y_1 \end{pmatrix} + \begin{pmatrix} x_2 + x_3 \\ y_2 + y_3 \end{pmatrix}$$
$$= v_1 + (v_2 + v_3)$$

6.2　(1) 図 6.22 のようになるだろう．

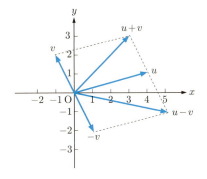

図 **6.22**

(2)
$$u = \frac{1}{2}((u+v) + (u-v)) = \begin{pmatrix} 2 \\ 2 \end{pmatrix}$$

および
$$v = \frac{1}{2}((u+v) - (u-v)) = \begin{pmatrix} 1 \\ -1 \end{pmatrix}$$

から，図 6.23 のようになるだろう．

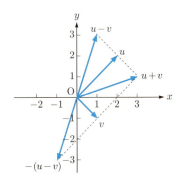

図 **6.23**

(3) 定義にもとづいて，各成分における実数の演算に帰着して算出する．

(i)
$$(-1)v = \begin{pmatrix} (-1)x \\ (-1)y \end{pmatrix}$$
$$= \begin{pmatrix} -x \\ -y \end{pmatrix} = -v$$

(ii) 交換法則より
$$v + (-v) = (-v) + v$$
である．また，
$$v + (-v) = \begin{pmatrix} x \\ y \end{pmatrix} + \begin{pmatrix} -x \\ -y \end{pmatrix}$$
$$= \begin{pmatrix} x + (-x) \\ y + (-y) \end{pmatrix}$$
$$= \begin{pmatrix} 0 \\ 0 \end{pmatrix} = 0$$

(iii)
$$1v = \begin{pmatrix} 1x \\ 1y \end{pmatrix} = \begin{pmatrix} x \\ y \end{pmatrix} = v$$

174　第 6 章　問の解答

(iv)
$$\alpha(\beta \boldsymbol{v}) = \alpha \begin{pmatrix} \beta x \\ \beta y \end{pmatrix}$$
$$= \begin{pmatrix} \alpha(\beta x) \\ \alpha(\beta y) \end{pmatrix}$$
$$= \begin{pmatrix} (\alpha\beta)x \\ (\alpha\beta)y \end{pmatrix} = (\alpha\beta)\boldsymbol{v}$$

(v)
$$(\alpha + \beta)\boldsymbol{v} = \begin{pmatrix} (\alpha + \beta)x \\ (\alpha + \beta)y \end{pmatrix}$$
$$= \begin{pmatrix} \alpha x + \beta x \\ \alpha y + \beta y \end{pmatrix}$$
$$= \begin{pmatrix} \alpha x \\ \alpha y \end{pmatrix} + \begin{pmatrix} \beta x \\ \beta y \end{pmatrix}$$
$$= \alpha \begin{pmatrix} x \\ y \end{pmatrix} + \beta \begin{pmatrix} x \\ y \end{pmatrix}$$
$$= \alpha\boldsymbol{v} + \beta\boldsymbol{v}$$

(vi)
$$\alpha(\boldsymbol{v}_1 + \boldsymbol{v}_2) = \alpha \left(\begin{pmatrix} x_1 \\ y_1 \end{pmatrix} + \begin{pmatrix} x_2 \\ y_2 \end{pmatrix} \right)$$
$$= \alpha \begin{pmatrix} x_1 + x_2 \\ y_1 + y_2 \end{pmatrix}$$
$$= \begin{pmatrix} \alpha(x_1 + x_2) \\ \alpha(y_1 + y_2) \end{pmatrix}$$
$$= \begin{pmatrix} \alpha x_1 + \alpha x_2 \\ \alpha y_1 + \alpha y_2 \end{pmatrix}$$
$$= \begin{pmatrix} \alpha x_1 \\ \alpha y_1 \end{pmatrix} + \begin{pmatrix} \alpha x_2 \\ \alpha y_2 \end{pmatrix}$$
$$= \alpha\boldsymbol{v}_1 + \alpha\boldsymbol{v}_2$$

6.3　以下は一つの答えである．例えば，時計を単位円として成分を用いて答えてもよい．

(1) $n = 1, 2, \cdots, 6$ に対して，$n{:}00$ と $(n+6){:}00$ のベクトルは互いに逆ベクトルだから，$\boldsymbol{v}_1$ は零ベクトルである．

(2) $\boldsymbol{v}_2$ は $\boldsymbol{v}_1 = \boldsymbol{0}$ から 4:00 のベクトルを引いたものであるから，4:00 のベクトルの逆ベクトルである．すなわち，$\boldsymbol{v}_2$ は 10:00 のベクトルである．

(3) まず，$\boldsymbol{v}_1 = \boldsymbol{0}$ から 1:00 のベクトルを引くと，1:00 のベクトルの逆ベクトル，すなわち，7:00 のベクトルを得る．$\boldsymbol{v}_3$ は 7:00 のベクトルに長さが半分の 1:00 のベクトルを足したものである．したがって，$\boldsymbol{v}_3$ は長さが半分の 7:00 のベクトルとなる．

(4) $n{:}00$ のベクトルを $\boldsymbol{a}_n$ とすると，$\boldsymbol{v}_1 = \boldsymbol{a}_1 + \cdots + \boldsymbol{a}_{12} = \boldsymbol{0}$ である．一方，$\boldsymbol{a}_n$ の始点を $\begin{pmatrix} 0 \\ -1 \end{pmatrix}$ にすると，新しい $n{:}00$ のベクトル $\boldsymbol{a}_n{}'$ は，
$$\boldsymbol{a}_n{}' = \boldsymbol{a}_n - \begin{pmatrix} 0 \\ -1 \end{pmatrix} = \boldsymbol{a}_n + \boldsymbol{j}$$
となる．よって，
$$\boldsymbol{v}_4 = \boldsymbol{a}_1{}' + \cdots + \boldsymbol{a}_{12}{}' = \boldsymbol{0} + 12\boldsymbol{j} = 12\boldsymbol{j}$$
である．

6.4　$|\boldsymbol{v}_1|^2 = 20$, $|\boldsymbol{v}_2|^2 = 5$ であるから，$|\boldsymbol{v}_1|^2 + |\boldsymbol{v}_2|^2 = 25$ を得る．一方，
$$\boldsymbol{v}_1 + \boldsymbol{v}_2 = \begin{pmatrix} 3 \\ 4 \end{pmatrix}, \quad \boldsymbol{v}_1 - \boldsymbol{v}_2 = \begin{pmatrix} 5 \\ 0 \end{pmatrix}$$
より，
$$|\boldsymbol{v}_1 + \boldsymbol{v}_2|^2 = 25, \quad |\boldsymbol{v}_1 - \boldsymbol{v}_2|^2 = 25$$
である．これより目標の二つの等式を得る．
また，例えば
$$\boldsymbol{v}_1 = \begin{pmatrix} 1 \\ 1 \end{pmatrix}, \quad \boldsymbol{v}_2 = \begin{pmatrix} 1 \\ 0 \end{pmatrix}$$
とする．このとき，
$$\cos\theta = \frac{|\boldsymbol{v}_1|^2 + |\boldsymbol{v}_2|^2 - |\boldsymbol{v}_1 - \boldsymbol{v}_2|^2}{2|\boldsymbol{v}_1||\boldsymbol{v}_2|}$$
$$= \frac{2 + 1 - 1}{2 \cdot \sqrt{2} \cdot 1}$$
$$= \frac{1}{\sqrt{2}}$$
である．（このとき，$\theta = \dfrac{\pi}{4}$ である．）

6.5　(1) 内積の定義から，
$$(\alpha\boldsymbol{v}_1) \cdot \boldsymbol{v}_2 = \left(\alpha \begin{pmatrix} x_1 \\ y_1 \end{pmatrix} \right) \cdot \begin{pmatrix} x_2 \\ y_2 \end{pmatrix}$$
$$= \begin{pmatrix} \alpha x_1 \\ \alpha y_1 \end{pmatrix} \cdot \begin{pmatrix} x_2 \\ y_2 \end{pmatrix}$$

第 6 章　問の解答　　**175**

$$= (\alpha x_1)x_2 + (\alpha y_1)y_2$$

$$= \alpha(x_1 x_2 + y_1 y_2)$$

$$= \alpha(\boldsymbol{v}_1 \cdot \boldsymbol{v}_2)$$

この結果と，交換法則，内積の性質を使って，

$$\boldsymbol{v}_1 \cdot (\alpha \boldsymbol{v}_2) = (\alpha \boldsymbol{v}_2) \cdot \boldsymbol{v}_1$$

$$= \alpha(\boldsymbol{v}_2 \cdot \boldsymbol{v}_1) = \alpha(\boldsymbol{v}_1 \cdot \boldsymbol{v}_2)$$

(2) 内積の定義から，

$$\boldsymbol{v}_1 \cdot (\boldsymbol{v}_2 + \boldsymbol{v}_3)$$

$$= \begin{pmatrix} x_1 \\ y_1 \end{pmatrix} \cdot \left(\begin{pmatrix} x_2 \\ y_2 \end{pmatrix} + \begin{pmatrix} x_3 \\ y_3 \end{pmatrix} \right)$$

$$= \begin{pmatrix} x_1 \\ y_1 \end{pmatrix} \cdot \begin{pmatrix} x_2 + x_3 \\ y_2 + y_3 \end{pmatrix}$$

$$= x_1(x_2 + x_3) + y_1(y_2 + y_3)$$

$$= x_1 x_2 + y_1 y_2 + x_1 x_3 + y_1 y_3$$

$$= \begin{pmatrix} x_1 \\ y_1 \end{pmatrix} \cdot \begin{pmatrix} x_2 \\ y_2 \end{pmatrix} + \begin{pmatrix} x_1 \\ y_1 \end{pmatrix} \cdot \begin{pmatrix} x_3 \\ y_3 \end{pmatrix}$$

$$= \boldsymbol{v}_1 \cdot \boldsymbol{v}_2 + \boldsymbol{v}_1 \cdot \boldsymbol{v}_3$$

(3) (1), (2)，およびいままでの知見を使って，

$$|\boldsymbol{v}_1 - \boldsymbol{v}_2|^2$$

$$= (\boldsymbol{v}_1 - \boldsymbol{v}_2) \cdot (\boldsymbol{v}_1 - \boldsymbol{v}_2)$$

$$= (\boldsymbol{v}_1 + (-\boldsymbol{v}_2)) \cdot (\boldsymbol{v}_1 + (-\boldsymbol{v}_2))$$

$$= (\boldsymbol{v}_1 + (-\boldsymbol{v}_2)) \cdot \boldsymbol{v}_1$$

$$\quad + (\boldsymbol{v}_1 + (-\boldsymbol{v}_2)) \cdot (-\boldsymbol{v}_2)$$

$$= \boldsymbol{v}_1 \cdot (\boldsymbol{v}_1 + (-1)\boldsymbol{v}_2)$$

$$\quad + ((-1)\boldsymbol{v}_2) \cdot (\boldsymbol{v}_1 + ((-1)\boldsymbol{v}_2))$$

$$= \boldsymbol{v}_1 \cdot \boldsymbol{v}_1 + \boldsymbol{v}_1 \cdot ((-1)\boldsymbol{v}_2))$$

$$\quad + ((-1)\boldsymbol{v}_2) \cdot \boldsymbol{v}_1$$

$$\quad + ((-1)\boldsymbol{v}_2) \cdot ((-1)\boldsymbol{v}_2))$$

$$= |\boldsymbol{v}_1|^2 + (-1)\boldsymbol{v}_1 \cdot \boldsymbol{v}_2$$

$$\quad + (-1)\boldsymbol{v}_2 \cdot \boldsymbol{v}_1 + (-1)^2 \boldsymbol{v}_2 \cdot \boldsymbol{v}_2$$

$$= |\boldsymbol{v}_1|^2 - 2\boldsymbol{v}_1 \cdot \boldsymbol{v}_2 + |\boldsymbol{v}_2|^2$$

6.6　$(\boldsymbol{w} - c\boldsymbol{v}) \cdot \boldsymbol{v} = 0$ を解いて c を求める．すなわち，

$$\boldsymbol{w} \cdot \boldsymbol{v} - c|\boldsymbol{v}|^2 = 6 - 2c = 0$$

より，$c = 3$ がわかる．また，$\boldsymbol{v} \neq \boldsymbol{0}$ のとき，$|\boldsymbol{v}| \neq 0$ なので，$c = \dfrac{\boldsymbol{w} \cdot \boldsymbol{v}}{|\boldsymbol{v}|^2}$ を得る．

6.7

$$2(A + B)$$

$$= 2\left(\begin{pmatrix} 1 & 2 \\ 3 & 4 \\ 5 & 6 \end{pmatrix} + \begin{pmatrix} 3 & 1 \\ 2 & -2 \\ 1 & -5 \end{pmatrix} \right)$$

$$= 2\begin{pmatrix} 4 & 3 \\ 5 & 2 \\ 6 & 1 \end{pmatrix} = \begin{pmatrix} 8 & 6 \\ 10 & 4 \\ 12 & 2 \end{pmatrix}$$

6.8　$A = (a_{ij})$ と $B = (b_{ij})$ を同じ型の行列とする．このとき，

$$A + B = (a_{ij}) + (b_{ij}) = (a_{ij} + b_{ij})$$

$$= (b_{ij} + a_{ij}) = (b_{ij}) + (a_{ij})$$

$$= B + A$$

6.9　$A + X = A$, すなわち

$$\begin{pmatrix} a + x & b + y \\ c + z & d + w \end{pmatrix} = \begin{pmatrix} a & b \\ c & d \end{pmatrix}$$

の各成分に着目して，

$$x = y = z = w = 0$$

なので，$X = O$ を得る．

6.10　例えば，$A = O$ ならば X がどんな行列であっても $OX = O$ である．あるいは，$A = \begin{pmatrix} 1 & 0 \\ 0 & 0 \end{pmatrix}$, $X = \begin{pmatrix} 1 & 0 \\ * & * \end{pmatrix}$ ならば $AX = A$ である．

176 第 6 章 問の解答

6.11 行列の積の定義通りに計算し，加法定理を用いる．

$R(\alpha)R(\beta)$

$$= \begin{pmatrix} \cos\alpha & -\sin\alpha \\ \sin\alpha & \cos\alpha \end{pmatrix} \begin{pmatrix} \cos\beta & -\sin\beta \\ \sin\beta & \cos\beta \end{pmatrix}$$

$$= \begin{pmatrix} \cos\alpha\cos\beta - \sin\alpha\sin\beta \\ \sin\alpha\cos\beta + \cos\alpha\sin\beta \end{pmatrix}$$

$$\begin{matrix} \cos\alpha(-\sin\beta) - \sin\alpha\cos\beta \\ \sin\alpha(-\sin\beta) + \cos\alpha\cos\beta \end{matrix} \Big)$$

$$= \begin{pmatrix} \cos(\alpha+\beta) & -\sin(\alpha+\beta) \\ \sin(\alpha+\beta) & \cos(\alpha+\beta) \end{pmatrix}$$

$$= R(\alpha+\beta)$$

6.12 $X = \begin{pmatrix} x & y \\ z & w \end{pmatrix}$ とおいて，x, y, z, w についての連立一次方程式

$$\begin{pmatrix} \cos\alpha & -\sin\alpha \\ \sin\alpha & \cos\alpha \end{pmatrix} \begin{pmatrix} x & y \\ z & w \end{pmatrix}$$

$$= \begin{pmatrix} 1 & 0 \\ 0 & 1 \end{pmatrix}$$

$\Leftrightarrow$

$$\begin{cases} x\cos\alpha - z\sin\alpha = 1 & \cdots ① \\ x\sin\alpha + z\cos\alpha = 0 & \cdots ② \\ y\cos\alpha - w\sin\alpha = 0 & \cdots ③ \\ y\sin\alpha + w\cos\alpha = 1 & \cdots ④ \end{cases}$$

を解く．

① $\times \cos\alpha +$ ② $\times \sin\alpha$ から，
$x = \cos\alpha = \cos(-\alpha)$ が確定する．

① $\times \sin\alpha -$ ② $\times \cos\alpha$ から，
$z = -\sin\alpha = \sin(-\alpha)$ が確定する．

同様に，③と④から，
$y = \sin\alpha = -\sin(-\alpha)$ と，
$w = \cos\alpha = \cos(-\alpha)$ を得る．

連立一次方程式 $XR(\alpha) = E$ を解いても同じ結果を得るから，$X = R(-\alpha)$ がわかる．

6.13 行列式の定義から，
$$\det R(\alpha) = \cos^2\alpha + \sin^2\alpha = 1$$

6.14

$$\phi(-\alpha)\phi(\alpha)$$
$$= \phi(-\alpha+\alpha) = \phi(0) = 1$$

である．また，$z = 0$ のとき
$$z\phi(\alpha) = \phi(\alpha)z = 0$$

となるから，z は 0 でない複素数である．よって，$\rho = |z|$ とすると $\rho \neq 0$ であり，ある実数 β を用いて，

$$\begin{cases} z = \rho(\cos\beta + i\sin\beta) = \rho\phi(\beta) \\ \cos\beta = \dfrac{x}{\rho}, \quad \sin\beta = \dfrac{y}{\rho} \end{cases}$$

と書ける．これより，

$$z\phi(\alpha) = \rho\phi(\beta)\phi(\alpha)$$
$$= \rho\phi(\beta+\alpha) = 1$$

を解くと，$|\phi(\beta+\alpha)| = 1$ だから $\rho = 1$ と $\beta + \alpha = 0$ がわかる．$\phi(\alpha)z = 1$ を解いても同様だから，$z = \phi(-\alpha)$ を得る．

注 回転の不定性を考えると，任意の整数 n に対して $\beta + \alpha = 2n\pi$ であるが，$\phi(-\alpha)$ と $\phi(-\alpha+2n\pi)$ は複素平面上で同一の点を表しているので，もっとも簡単な $n = 0$ のときの複素数 $\phi(-\alpha)$ を用いて表す．

付録 A

三角比と一般角

1 三角比，正弦定理，余弦定理

1.1 三角比

鋭角と鈍角

$0° < \theta < 90°$ の範囲の大きさの角を鋭角とよぶ．また，$90° < \theta < 180°$ の範囲の大きさの角を鈍角とよぶ．

鋭角の三角比

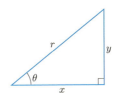

図 A.1 鋭角 θ

鋭角は，直角三角形の一つの角と考えることができる．$0° < \theta < 90°$ の範囲の θ に対し，一つの角の大きさが θ である直角三角形の三辺の長さを図 A.1 のようにおいたとき，三角比を以下の通り定義する．

178   付録 A   三角比と一般角

正弦 (sine)	$\sin \theta = \dfrac{y}{r} = \dfrac{\text{高さ}}{\text{斜辺}}$
余弦 (cosine)	$\cos \theta = \dfrac{x}{r} = \dfrac{\text{底辺}}{\text{斜辺}}$
正接 (tangent)	$\tan \theta = \dfrac{y}{x} = \dfrac{\text{高さ}}{\text{底辺}}$

またこの拡張として，$\theta = 0°$，$\theta = 90°$ において，次のように定める．

$$\sin 0° = 0, \qquad \cos 0° = 1, \qquad \tan 0° = 0$$

$$\sin 90° = 1, \qquad \cos 90° = 0, \qquad (\tan 90° \text{ は定めない})$$

一つの角の大きさが θ である直角三角形はどれも相似なので，どのような大きさの直角三角形を用いても，三角比は θ に応じた値として定まる．

直角三角形を用いた定義から，次の関係式は容易に得られる．

$$\sin (90° - \theta) = \cos \theta, \quad \cos (90° - \theta) = \sin \theta, \quad \tan (90° - \theta) = \frac{1}{\tan \theta}$$

問 **A.1**   次の表を完成させよ．

θ	$30°$	$45°$	$60°$
$\sin \theta$			
$\cos \theta$			
$\tan \theta$			

鈍角の三角比

図 A.2 のような半径 r の円で $\angle\mathrm{POE} = \theta$ とすると, θ が鈍角ならば点 $\mathrm{P}(x, y)$ は第 2 象限にある. このとき,

$$\sin\theta = \frac{y}{r}, \qquad \cos\theta = \frac{x}{r}, \qquad \tan\theta = \frac{y}{x}$$

と定める. $x < 0$, $y > 0$ であるから

$$\sin\theta > 0, \qquad \cos\theta < 0, \qquad \tan\theta < 0$$

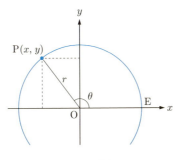

図 A.2　鈍角 θ

この鈍角における三角比の考え方を用いて, 三角関数は定義される.

1.2　正弦定理と余弦定理

$\triangle\mathrm{ABC}$ において, $\angle\mathrm{A}$, $\angle\mathrm{B}$, $\angle\mathrm{C}$ の大きさをそれぞれ A, B, C, 辺 BC, CA, AB の長さをそれぞれ a, b, c と表すことにする.

正弦定理　$\triangle\mathrm{ABC}$ の外接円の半径を R とすると, 次が成り立つ.

$$\frac{a}{\sin A} = \frac{b}{\sin B} = \frac{c}{\sin C} = 2R$$

正弦定理より, 次のことが成り立つ.

$$a : b : c = \sin A : \sin B : \sin C$$

180   付録 A   三角比と一般角

余弦定理   △ABC において，次のことが成り立つ.

$$a^2 = b^2 + c^2 - 2bc \cos A$$

$$b^2 = c^2 + a^2 - 2ca \cos B$$

$$c^2 = a^2 + b^2 - 2ab \cos C$$

三角形の二辺の長さとその間の角の大きさがわかっている場合には，余弦定理を用いて，残りの辺の長さを求めることができる.

問 **A.2**   △ABC について，次の値を求めよ.
(1) $a = 2$, $b = \sqrt{6}$, $A = 45°$ のとき，B と外接円の半径 R の値.
(2) $a = 6$, $B = 120°$ および外接円の半径が $R = 6$ のとき，A と b の値.

問 **A.3**   △ABC について，次の値を求めよ.
(1) $a = 13$, $b = 7$, $c = 15$ のときの A の値.
(2) $A = 30°$, $b = 2$, $c = 2\sqrt{3}$ のときの a, B, C の値.

■2   弧度法と一般角

2.1   弧度法

角度の表し方で一般的なものは二つある. 一つは，小学校から習ってきた度 (°) を単位とする度数法 (60 分法ともいう) である. もう一つは，半径 1 の円において，半径と同じ長さ 1 の弧に対する中心角を単位 (**1 ラジアン**という) とする弧度法である. 1 ラジアンは，

$$360° \times \frac{1}{2\pi} = \left(\frac{180}{\pi} \right)^{\circ}$$

である. また，

$$180° は \pi \text{ ラジアン}, \qquad 360° は 2\pi \text{ ラジアン}$$

である.

弧度法では，単位のラジアンを省略する.

2 弧度法と一般角　　181

問 **A.4**　　次の角度を弧度法で表せ.

$$(1)\ 30° \quad (2)\ 45° \quad (3)\ 60°$$

問 **A.5**　　次の角度を度数法で表せ.

$$(1)\ \frac{\pi}{12} \quad (2)\ \frac{\pi}{5} \quad (3)\ \frac{11}{6}\pi$$

コラム 8 (弧度法の有難味)　　日常では $90°$ や $45°$ を $\dfrac{\pi}{2}$ ラジアンとか $\dfrac{\pi}{4}$ ラジアンなどと言うことは滅多にないだろう. しかし, 微分積分学においては, 度数法より弧度法の方が重宝される. x, h を弧度法の角度とし, 対応する度数法の角度を $\widetilde{x}, \widetilde{h}$ とすると,

$$\widetilde{x} = \frac{180}{\pi}x, \quad \widetilde{h} = \frac{180}{\pi}h$$

である. もちろん, 度数法でも弧度法でも三角関数の値は変わらない. すなわち, $\sin(\widetilde{x} + \widetilde{h}) = \sin(x + h)$, $\sin\widetilde{x} = \sin x$ である. 度数法によって正弦関数を微分すると,

$$
\begin{aligned}
\frac{d}{d\widetilde{x}}\sin\widetilde{x} &= \lim_{\widetilde{h}\to 0}\frac{\sin(\widetilde{x} + \widetilde{h}) - \sin\widetilde{x}}{\widetilde{h}} \\
&= \lim_{h\to 0}\frac{\sin(x + h) - \sin x}{\frac{180}{\pi}h} \\
&= \frac{\pi}{180}\lim_{h\to 0}\frac{\sin(x + h) - \sin x}{h} \\
&= \frac{\pi}{180}(\sin x)' \\
&= \frac{\pi}{180}\cos x \\
&= \frac{\pi}{180}\cos\widetilde{x}
\end{aligned}
$$

となって, つねに $\dfrac{\pi}{180}$ がつきまとう. これは微分積分学では基本的に弧度法を用いる理由の一つである.

> **問 A.6** コラム 8 の計算と同様に,
> $$\frac{d}{d\widetilde{x}}\cos\widetilde{x} = -\frac{\pi}{180}\sin\widetilde{x}$$
> を示せ.

2.2 一般角

ここで, 少々「角」というものを振り返ってみよう.

端点を共有する 2 本の半直線により作られる図形を角という. 図 A.3 のように, 1 点 O を端点とする 2 本の半直線 OX, OP により作られる角を, ∠XOP と表し, 点 O を ∠XOP の頂点という. このように定義される角は二つの図形を指し得るが, そのどちらか一方を選択して考える.

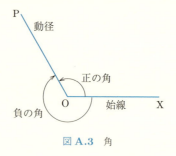

図 A.3 角

角の大きさを表す数値を角度という. 角度は, 角が, 角の頂点を中心とする円から切り取る弧の長さで測られる. このとき, 弧を切り取られる円の半径の長さを長さの単位とした角度の測り方を, 弧度法とよんだ. 半径が 1 の円 (単位円) を用いれば, 切り取られる弧の長さそのものが角度となる. なお角という用語が, 図形である角と同時に, その角度を指すことも多い.

角は, 一つの半直線が回転して得られた図形と考えることもできる. このように捉えられた角を, 回転角とよぶことにする. 例えば, 図 A.3 は, 半直線 OX の位置にあった半直線が, O を中心に半直線 OP まで回転して得られた図形と考えることができる. このとき, 基準となる半直線 OX を始線, 回

転して得られた半直線 OP を動径とよぶ．座標平面上では，原点を角の頂点とし，始線を x 軸の正の部分にとる．

　回転には，向きというものが考えられる．通常，反時計回りの回転を正の向きの回転，時計回りの回転を負の向きの回転とする．したがって，回転角として捉えた角の角度として，一周以上の正の向きの回転に対応した 2π 以上の値や，負の回転に対応した負の値が考えられる．

　このように，角を回転角として捉え，回転の向きも考慮し，角度の範囲を 0 以下にも 2π 以上にも拡げて考えた角を，一般角という．したがって，全ての実数が一般角の角度になり得る．正の角度を持つ角を正の角，負の角度を持つ角を負の角とよぶことにする．

　始線 OX を定めてある角度を与えると，それに対応した動径 OP の位置が一つ定まる．しかし，逆に動径 OP の位置を定めても，その位置が表す一般角は無数に存在する．このとき，動径 OP が表す一般角の角度の一つを α とすると，それら無数の一般角の角度は，回転の向きと回転数を考えて次のように表される．

$$\alpha + 2n\pi \qquad (n = 0, \pm 1, \pm 2, \cdots)$$

これらの角度を，動径 OP の表す一般角とよぶ．用語としては，「動径 OP の表す一般角の角度」というべきであるが，先にも注意したとおり，角という用語が角度の意味に使われることも多い．ここでは慣例を踏襲する．

　以後，角とは一般角を指すものとする．

> **問 A.7** 次の角度を弧度法で表せ.
>
> $\quad$ (1) $405°$ $\quad$ (2) $-315°$ $\quad$ (3) $-840°$

> **問 A.8** 次の角度を $\alpha + 2n\pi$ の形で表わせ. ただし, $0 \leqq \alpha < 2\pi$, n は整数とする.
>
> $\quad$ (1) $\dfrac{7}{3}\pi$ $\quad$ (2) $-\dfrac{9}{4}\pi$ $\quad$ (3) $-\dfrac{23}{6}\pi$

付録 A　問の解答

A.1

θ	$30°$	$45°$	$60°$
$\sin\theta$	$\dfrac{1}{2}$	$\dfrac{1}{\sqrt{2}}$	$\dfrac{\sqrt{3}}{2}$
$\cos\theta$	$\dfrac{\sqrt{3}}{2}$	$\dfrac{1}{\sqrt{2}}$	$\dfrac{1}{2}$
$\tan\theta$	$\dfrac{1}{\sqrt{3}}$	1	$\sqrt{3}$

A.2

(1) $\dfrac{a}{\sin A} = \dfrac{b}{\sin B}$ より，$\dfrac{2}{\frac{1}{\sqrt{2}}} = \dfrac{\sqrt{6}}{\sin B}$ だから，$\sin B = \dfrac{\sqrt{3}}{2}$ である．よって，
$$B = 60°,\ 120°$$
$A = 45°$ より $B < 135°$ だから，$B = 60°,\ 120°$ である．

また，$2R = \dfrac{a}{\sin A} = \dfrac{2}{\frac{1}{\sqrt{2}}} = 2\sqrt{2}$ より，$R = \sqrt{2}$ である．

以上より，
$$B = 60°,\ 120°, \quad R = \sqrt{2}$$

(2) $\dfrac{a}{\sin A} = 2R$ より，$\dfrac{6}{\sin A} = 2 \times 6$ から，$\sin A = \dfrac{1}{2}$ である．よって，
$$A = 30°,\ 150°$$
また，$B = 120°$ より $A < 60°$ だから，
$$A = 30°, \quad \sin B = \dfrac{\sqrt{3}}{2}$$
これより，
$$\dfrac{b}{\sin B} = 12$$
から，
$$b = 12 \times \dfrac{\sqrt{3}}{2} = 6\sqrt{3}$$
を得る．
以上より，
$$A = 30°, \quad b = 6\sqrt{3}$$

A.3

(1)
$$\cos A = \dfrac{7^2 + 15^2 - 13^2}{2 \cdot 7 \cdot 15}$$
$$= \dfrac{49 + 225 - 169}{2 \cdot 7 \cdot 15}$$
$$= \dfrac{105}{2 \cdot 7 \cdot 15} = \dfrac{1}{2}$$
よって，
$$A = 60°$$
である．

(2) 余弦定理
$$a^2 = b^2 + c^2 - 2bc\cos A$$
から，
$$a^2 = 4 + 12 - 8\sqrt{3} \cdot \dfrac{\sqrt{3}}{2}$$
$$= 4 + 12 - 12 = 4$$
よって，$a > 0$ より，$a = 2$

また，$\dfrac{a}{\sin A} = \dfrac{b}{\sin B}$ より，
$$\dfrac{2}{\frac{1}{2}} = \dfrac{2}{\sin B}$$

よって，$\sin B = \dfrac{1}{2}$ から，$B = 30°,\ 150°$ である．$A = 30°$ より $B < 150°$ だから，$B = 30°,\ C = 120°$

よって，
$$a = 2, \quad B = 30°, \quad C = 120°$$
である．

A.4

(1) $\dfrac{\pi}{6}$　(2) $\dfrac{\pi}{4}$　(3) $\dfrac{\pi}{3}$

A.5

(1) $15°$　(2) $36°$　(3) $330°$

A.6

$$\dfrac{d}{d\widetilde{x}}\cos\widetilde{x}$$
$$= \lim_{\widetilde{h} \to 0} \dfrac{\cos(\widetilde{x} + \widetilde{h}) - \cos\widetilde{x}}{\widetilde{h}}$$
$$= \lim_{h \to 0} \dfrac{\cos(x + h) - \cos x}{\frac{180}{\pi}h}$$

$$= \frac{\pi}{180} \lim_{h \to 0} \frac{\cos(x+h) - \cos x}{h}$$
$$= \frac{\pi}{180} (\cos x)'$$
$$= \frac{\pi}{180} (-\sin x)$$
$$= -\frac{\pi}{180} \sin \widetilde{x}$$

A.7

(1) $\dfrac{9}{4}\pi$　(2) $-\dfrac{7}{4}\pi$　(3) $-\dfrac{14}{3}\pi$

A.8

(1) $\dfrac{\pi}{3} + 2\pi$　(2) $\dfrac{7}{4}\pi - 4\pi$　(3) $\dfrac{\pi}{6} - 4\pi$

付録 B

指数と対数

■ 1　指数

1.1　指数の定義と計算

指数の定義：自然数の場合

例えば $a^2 = a \times a$, $a^3 = a \times a \times a$ のように，実数 a と自然数 n に対し，a を n 回掛けた数を a^n で表す．特に，$a^1 = a$ とする．このとき，次が成立する．

指数法則

$$a^m a^n = a^{m+n}, \quad (a^m)^n = a^{mn}, \quad (ab)^n = a^n b^n \tag{B.1}$$

指数法則は素朴なものであると思うが，極めて重要である．これをもとに指数を拡張していくとともに，対数の性質にもつながる．

指数の定義：整数の場合

a は 0 でない実数，n は自然数とする．このとき，次のように定義する．

$$a^0 = 1, \quad a^{-n} = \frac{1}{a^n}$$

このように定めることで，m, n が整数の場合でも，指数法則 (B.1) が成立する．

1 指数　　*187*

この定義が妥当であることは，指数法則を認めることから従う．実際，指数が整数の場合でも指数法則が成り立つとしたら，$a^0 a^n = a^{0+n} = a^n$ となる必要がある．これより $a^0 = 1$ が導かれる．また，$a^{-n} a^n = a^{-n+n} = a^0$ が成立するとしたら，$a^0 = 1$ を認めることで，$a^{-n} = \dfrac{1}{a^n}$ が必然である．$a \neq 0$ が仮定されるのは，これらの議論で a^n という数で割る必要があるからである．

指数の定義：有理数の場合

a は正の数，m は整数，n は自然数とするとき，
$$a^{\frac{1}{n}} = \sqrt[n]{a}, \quad a^{\frac{m}{n}} = (\sqrt[n]{a})^m$$
と定める．ただし，$\sqrt[n]{a}$ は a の正の n 乗根 ($x^n = a$ を満たす正の数) とする．

これより，正の有理数 q に対し，a^q が定まることになる．これをもとに，負の有理数 $-q$ に対して
$$a^{-q} = \frac{1}{a^q}$$
と定義する．このように定めることで，m, n が有理数の場合でも，指数法則 (B.1) が成立する．

注 **B.1**　a は正の数で，n が自然数であれば，a の正の n 乗根はただ一つ定まる．このため，$a > 0$ という条件が仮定される．なお，$a < 0$ であっても，n が奇数であれば，負の数として n 乗根 $\sqrt[n]{a}$ を定義できるが，混乱を避けるためにここでは考えない．a と b を正の数，m と n を自然数とするとき，

$$(\sqrt[n]{a})^m = \sqrt[n]{a^m}, \quad \sqrt[m]{\sqrt[n]{a}} = \sqrt[mn]{a}, \quad \sqrt[n]{a} \sqrt[n]{b} = \sqrt[n]{ab}$$

は容易に確認できる．これらにより，m と n が有理数の場合の指数法則 (B.1) を示すことができる．

188   付録 B   指数と対数

指数の定義：実数の場合

有理数 q に対して定義された a^q をもとに，正の数 a と実数 (特に無理数) ξ に対して a^ξ を以下のように定義する.

実数 ξ に対して，$\{q_1, q_2, q_3, \cdots\}$ を $\xi = \lim_{n \to \infty} q_n$ を満たす単調増加有理数列とする．このとき，

$$a^\xi = \lim_{n \to \infty} a^{q_n}$$

と定める.

これが a^ξ の定義として成立するためには，極限 $\lim_{n \to \infty} a^{q_n}$ が存在するか，そして a^ξ は $\{q_1, q_2, q_3, \cdots\}$ の選び方によらずに定まるか，を確認する必要がある．本書ではこの確認作業は省略して，最終的な結論のみ述べておく.

m と n が実数の場合の指数法則 (B.1) が成立する.

問 B.1   次の式を簡単にせよ.

(1) $3x^2 y^3 \times 5x^3 y$ (2) $\left(\dfrac{b}{a} \right)^3 \times (a^2 b)^{-2}$ (3) $\sqrt[5]{\sqrt[3]{x^2 y} \sqrt{x^7 y}}$

問 B.2   次の式を a^r の形で表せ.

(1) $a \sqrt[3]{a}$ (2) $\dfrac{a^3}{\sqrt[3]{a}}$ (3) $\sqrt[4]{\sqrt[3]{a}}$ (4) $\left(\dfrac{\sqrt{a}}{\sqrt[3]{a}} \right)^5$

2   対数

2.1   対数の定義と計算

a を 1 でない正の数とし，$a^p = M$ とするとき，p を a を底とする M の対数といい，$p = \log_a M$ と書く．すなわち，

$$a^p = M \iff p = \log_a M$$

が成り立つ. M を対数 p の真数という. 指数関数の性質から, このような p が存在するには, 真数 M が $M > 0$ を満たさねばならないことがわかる. すなわち,

真数はつねに正である.

このことは, 真数条件とよばれる. これに対し, $a > 0$ かつ $a \neq 1$ は, 底の条件とよばれる. 真数条件や底の条件は, 特に述べられていなくてもつねに前提として課されているので注意してほしい.

常用対数と自然対数

10 進数を用いる我々の社会では, 底が 10 である対数が特に有用であり, 底が 10 である対数は常用対数とよばれる.

一方, 微分積分学との関連では, 底が e (ネイピア数) である対数が自然である. これは, 角度を測るのに弧度法を用いることの有難味 (付録 A のコラム 8) に似ている. 底を e とする対数は自然対数とよばれる. 通常, 自然対数の底は表示しない. すなわち, $\log_e M = \log M$ と書く. ネイピア数については付録 C を参照してほしい.

対数の性質

① $\log_a 1 = 0, \quad \log_a a = 1$

② a を 1 でない正の数, M と N を正の数, k を実数とするとき,

$$\log_a MN = \log_a M + \log_a N, \qquad \log_a \frac{M}{N} = \log_a M - \log_a N$$

$$\log_a (M^k) = k \log_a M$$

底の変換公式

a と c は 1 でない正の数, b は正の数とするとき,

$$\log_a b = \frac{\log_c b}{\log_c a}$$

190   付録 B   指数と対数

問 B.3   次の値を求めよ.
$$(1)\ \log_2 32 \qquad (2)\ \log_4 0.25 \qquad (3)\ \log_{0.5} 4$$

問 B.4 $\log_{10} 2 = a$, $\log_{10} 3 = b$ とおくとき,次の対数を a, b で表せ.
$$(1)\ \log_{10} 6 \qquad (2)\ \log_{10} 12 \qquad (3)\ \log_{10} \sqrt[3]{18}$$

問 B.5   次の式を簡単にせよ.
(1) $\log_4 2 + \log_4 8$ $\qquad\qquad\qquad$ (2) $\log_3 \sqrt{12} - \log_3 2$

(3) $\log_2 \sqrt{5} - \dfrac{1}{2} \log_2 \dfrac{1}{2} - \dfrac{3}{2} \log_2 \sqrt[3]{10}$

問 B.6   次の式を簡単にせよ.
(1) $\log_4 9 - \log_2 6$ $\qquad\qquad\qquad$ (2) $\log_3 5 \ \log_5 7 \ \log_7 9$

(3) $(\log_4 3 + \log_8 3)(\log_3 2 + \log_9 2)$

付録 B　問の解答

▌付録 B　問の解答

B.1
(1)
$$3x^2y^3 \times 5x^3y = 15x^5y^4$$

(2)
$$\left(\frac{b}{a}\right)^3 \times (a^2b)^{-2}$$
$$= \frac{b}{a^7}\,(= a^{-7}b)$$

(3)
$$\sqrt[5]{\sqrt[3]{x^2y}\sqrt{x^7y}}$$
$$= \left\{(x^2y)^{\frac{1}{3}}\,(x^7y)^{\frac{1}{2}}\right\}^{\frac{1}{5}}$$
$$= x^{\left(2\cdot\frac{1}{3}+7\cdot\frac{1}{2}\right)\frac{1}{5}}y^{\left(\frac{1}{3}+\frac{1}{2}\right)\frac{1}{5}}$$
$$= x^{\frac{5}{6}}y^{\frac{1}{6}}$$

B.2
(1) $a\sqrt[3]{a} = a^{\frac{4}{3}}$

(2) $\dfrac{a^3}{\sqrt[3]{a}} = a^{\frac{8}{3}}$

(3) $\sqrt[4]{\sqrt[3]{a}} = \left(a^{\frac{1}{3}}\right)^{\frac{1}{4}} = a^{\frac{1}{12}}$

(4) $\left(\dfrac{\sqrt{a}}{\sqrt[3]{a}}\right)^5 = \left(a^{\frac{1}{2}-\frac{1}{3}}\right)^5 = a^{\frac{5}{6}}$

B.3
(1) $\log_2 32 = \log_2 2^5 = 5$

(2) $\log_4 0.25 = \log_4 \dfrac{1}{4} = -1$

(3) $\log_{0.5} 4 = -\log_{\frac{1}{2}} \dfrac{1}{4}$
$$= -\log_{\frac{1}{2}}\left(\frac{1}{2}\right)^2 = -2$$

B.4
(1) $\log_{10} 6 = \log_{10}(2\cdot 3)$
$$= \log_{10} 2 + \log_{10} 3$$
$$= a + b$$

(2) $\log_{10} 12 = \log_{10}(2^2\cdot 3)$
$$= 2\log_{10} 2 + \log_{10} 3$$
$$= 2a + b$$

(3) $\log_{10} \sqrt[3]{18} = \dfrac{1}{3}\log_{10}(2\cdot 3^2)$
$$= \frac{a + 2b}{3}$$

B.5
(1) $\log_4 2 + \log_4 8 = \log_4 16 = 2$

(2) $\log_3 \sqrt{12} - \log_3 2 = \log_3 \dfrac{\sqrt{12}}{2}$
$$= \log_3 \sqrt{3} = \frac{1}{2}$$

(3) $\log_2 \sqrt{5} - \dfrac{1}{2}\log_2 \dfrac{1}{2}$
$$\qquad - \frac{3}{2}\log_2 \sqrt[3]{10}$$
$$= \log_2 5^{\frac{1}{2}} + \log_2 2^{\frac{1}{2}}$$
$$\qquad - \log_2 10^{\frac{1}{3}\times\frac{3}{2}}$$
$$= \log_2 \frac{5^{\frac{1}{2}}2^{\frac{1}{2}}}{10^{\frac{1}{2}}} = \log_2 1 = 0$$

B.6
(1) $\log_4 9 - \log_2 6$
$$= \frac{\log_2 9}{\log_2 4} - \log_2 6$$
$$= \frac{2\log_2 3}{2} - \log_2(2\cdot 3)$$
$$= \log_2 3 - \log_2 2 - \log_2 3 = -1$$

(2) $\log_3 5\,\log_5 7\,\log_7 9$
$$= \log_3 5\,\frac{\log_3 7}{\log_3 5}\,\frac{\log_3 9}{\log_3 7} = 2$$

(3) $(\log_4 3 + \log_8 3)(\log_3 2 + \log_9 2)$
$$= \left(\frac{\log_2 3}{\log_2 4} + \frac{\log_2 3}{\log_2 8}\right)\times$$

$$\left(\frac{\log_2 2}{\log_2 3} + \frac{\log_2 2}{\log_2 9} \right)$$

$$= \frac{5}{6} \left(\log_2 3 \right) \cdot \frac{3}{2} \frac{1}{\log_2 3} = \frac{5}{4}$$

付録 C

e の定義

■ 1 極限とはさみうちの原理

1.1 数列の極限

項が限りなく続く数列 $a_1, a_2, a_3, \cdots, a_n, \cdots$ を無限数列といい，$\{a_n\}$ と表す．無限数列 $\{a_n\}$ において，n を限りなく大きくしたとき，第 n 項 a_n が一定の値 α に限りなく近づくならば，$\{a_n\}$ は α に収束するといい，値 α を極限値という．また，このことを次のように表す．

$$\lim_{n\to\infty} a_n = \alpha$$

無限数列 $\{a_n\}$ が収束しないとき，$\{a_n\}$ は発散するという．特に，n を限りなく大きくすると，a_n の値も限りなく大きくなるとき，$\{a_n\}$ は正の無限大に発散するといい，

$$\lim_{n\to\infty} a_n = \infty$$

と書く．

例 C.1

$$(1) \ \lim_{n\to\infty} \frac{1}{n} = 0 \qquad (2) \ \lim_{n\to\infty} n^2 = \infty$$

数列の極限と類似の概念が関数に対しても存在する．ただ，似て非なるものと思った方がよい．

1.2 関数の極限

関数 $f(x)$ において，x が a と異なる値をとりながら a に限りなく近づくとき，$f(x)$ が一定の値 α に限りなく近づくならば，$x \to a$ のとき $f(x)$ は α に収束するといい，値 α を $x \to a$ のときの $f(x)$ の極限値とよび，

$$\lim_{x \to a} f(x) = \alpha$$

と表す．また，関数の極限には片側からの極限という概念もある．

$\quad x$ が $x > a$ を満たしながら限りなく a に近づくことを $x \to a+0$

$\quad x$ が $x < a$ を満たしながら限りなく a に近づくことを $x \to a-0$

と表す．

これを用いて，$x \to a+0$ のとき，$f(x)$ の値が限りなく α に近づくならば，α を $f(x)$ の右側極限といい，$\displaystyle\lim_{x \to a+0} f(x) = \alpha$ と表す．同様に，$x \to a-0$ のとき，$f(x)$ の値が限りなく β に近づくならば，β を $f(x)$ の左側極限といい，$\displaystyle\lim_{x \to a-0} f(x) = \beta$ と表す．

右側極限と左側極限が共に存在し，それらの値が共に α となることは，極限値が α であることに他ならない．つまり，

$$\lim_{x \to a+0} f(x) = \lim_{x \to a-0} f(x) = \alpha \quad \Longleftrightarrow \quad \lim_{x \to a} f(x) = \alpha$$

例 C.2

$$(1) \ \lim_{x \to 1}(x^2 + 2x - 1) = 2 \qquad (2) \ \lim_{x \to \infty} \frac{1}{\sqrt{x}} = 0$$

大小関係と極限の大小関係

関数 $f(x)$ と $g(x)$ は $x \to a$ のとき共に収束するとする．このとき，以下の性質が成り立つ．

$$x \neq a \ \text{で，} \ f(x) \leqq g(x) \quad \Rightarrow \quad \lim_{x \to a} f(x) \leqq \lim_{x \to a} g(x)$$

極限は差を潰すことがあるので，注意されたい．つまり，

$x \neq a$ で $f(x) < g(x)$ であっても，$\lim_{x \to a} f(x) \leqq \lim_{x \to a} g(x)$ である．

例 C.3 $f(x) = 1 - x^2$, $g(x) = 1 + x^2$ とすると，
$$x \neq 0 \text{ でつねに } f(x) < g(x)$$
であるが，$x \to 0$ の極限は一致する ($f(x)$ と $g(x)$ の差は潰れる)．実際，
$$\lim_{x \to 0} f(x) = \lim_{x \to 0} g(x) = 1$$
である (図 C.1)．

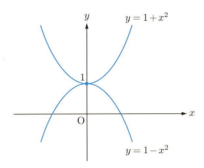

図 C.1 $\lim_{x \to 0} f(x) = \lim_{x \to 0} g(x)$ となる例

1.3 はさみうちの原理

以下の命題を**はさみうちの原理**とよぶ．
$$\begin{cases} x \neq a \text{ で，} f(x) \leqq h(x) \leqq g(x) \\ \lim_{x \to a} f(x) = \lim_{x \to a} g(x) \end{cases}$$
$$\Rightarrow \lim_{x \to a} f(x) = \lim_{x \to a} h(x) = \lim_{x \to a} g(x)$$

「$x \to a$」を「$x \to \pm\infty$」や「$x \to a \pm 0$」にしても同様のことが成り立つ．

196   付録 C e の定義

問 C.1   以下の各極限を求めよ.

$$(1)\ \lim_{x \to 0} x \sin \frac{1}{x} \qquad (2)\ \lim_{x \to \infty} \frac{\sin x}{x}$$

---

2 e の定義

2.1   ネイピア数

一般項を $a_n = \left(1 + \dfrac{1}{n}\right)^n$ とする数列 $\{a_n\}$ は収束し,その極限値を

$$\lim_{n \to \infty} \left(1 + \frac{1}{n}\right)^n = e \tag{C.1}$$

とする.この e はネイピア数とよばれ,無理数であり,$e = 2.71828\cdots$ となることが知られている.

極限 $\displaystyle \lim_{x \to \infty} \left(1 + \frac{1}{x}\right)^x = e$

---

e を数列の極限 (C.1) で定義したので,関数の極限

$$\lim_{x \to \infty} \left(1 + \frac{1}{x}\right)^x = e \tag{C.2}$$

も当たり前のように成り立つと思うかもしれないが,自明ではない.実際,極限 $\displaystyle \lim_{n \to \infty} f(n)$ と極限 $\displaystyle \lim_{x \to \infty} f(x)$ が異なる例はすぐに作ることができる.例えば,

$$\lim_{n \to \infty} \sin(\pi n) = 0 \ \text{だが,}\ \lim_{x \to \infty} \sin(\pi x) \ \text{は収束しない.}$$

問 C.2   定義 (C.1) から,関数の極限 (C.2) を以下の手順で導け.

(1) $x > 1$ として,$n = [x]$ とおくと,$n \leqq x < n+1$ となることを示せ (ガウス記号 [ ] については第 1 章 2.3 節参照).

(2) 次の不等式を示せ.

$$\left(1 + \frac{1}{n+1}\right)^n < \left(1 + \frac{1}{x}\right)^x < \left(1 + \frac{1}{n}\right)^{n+1}$$

(3) $f(x) = \left(1 + \dfrac{1}{[x]+1}\right)^{[x]} = \left(1 + \dfrac{1}{n+1}\right)^{n}$ とおいたとき, 極限 $\displaystyle\lim_{x\to\infty} f(x)$
を計算せよ.

(4) $g(x) = \left(1 + \dfrac{1}{[x]}\right)^{[x]+1} = \left(1 + \dfrac{1}{n}\right)^{n+1}$ とおいたとき, 極限 $\displaystyle\lim_{x\to\infty} g(x)$ を
計算せよ.

(5) はさみうちの原理を用いて, 関数の極限 (C.2) を示せ.

問 **C.3**　　関数の極限 (C.2) を用いて, 以下の各極限を求めよ.

$$(1)\ \lim_{x\to-\infty}\left(1+\frac{1}{x}\right)^{x} \qquad\qquad (2)\ \lim_{h\to0}(1+h)^{\frac{1}{h}}$$

$$(3)\ \lim_{x\to0}\frac{\log(1+x)}{x} \qquad\qquad (4)\ \lim_{h\to0}\frac{e^{h}-1}{h}$$

問 **C.4**　　問 C.3 (4) を用いて, e^x の導関数 $(e^x)' = e^x$, すなわち極限

$$\lim_{h\to0}\frac{e^{x+h}-e^{x}}{h}=e^{x}$$

を示せ.

コラム **9** (底 e の有難味)　指数法則や問 C.3 (4) を用いると, a^x の
導関数が次のように求まる ($a > 0,\ a \neq 1$).

$$\begin{aligned}
\frac{d}{dx}a^{x} &= \lim_{h\to0}\frac{a^{x+h}-a^{x}}{h} \\[2mm]
&= a^{x}\lim_{h\to0}\frac{a^{h}-1}{h} \\[2mm]
&= a^{x}\lim_{h\to0}\frac{e^{h\log a}-1}{h} \\[2mm]
&= a^{x}(\log a)\lim_{c\to0}\frac{e^{c}-1}{c} \qquad (c = h\log a\ とおいた) \\[2mm]
&= a^{x}(\log a)
\end{aligned}$$

こうして $(a^x)' = a^x(\log a)$ を得るが, $a \neq e$ である限り, a^x の微分計
算においてつねに $\log a$ がつきまとう. 微分積分学において指数関数の

底として e を採用することは計算が簡単になり有益といえよう.

付録 C　問の解答

C.1　(1) 任意の $x \neq 0$ に対して，

$$0 \leqq \left| x \sin \frac{1}{x} \right| \leqq |x| \left| \sin \frac{1}{x} \right| \leqq |x|$$

が成り立つ．ここで，$\displaystyle \lim_{x \to 0} |x| = 0$ なので，

はさみうちの原理より，$\displaystyle \lim_{x \to 0} \left| x \sin \frac{1}{x} \right| = 0$

である．また，

$$-\left| x \sin \frac{1}{x} \right| \leqq x \sin \frac{1}{x} \leqq \left| x \sin \frac{1}{x} \right|$$

もう一度はさみうちの原理を用いて，

$\displaystyle \lim_{x \to 0} x \sin \frac{1}{x} = 0$ を得る．

(2) 任意の $x > 0$ に対して，

$$0 \leqq \left| \frac{\sin x}{x} \right| \leqq \frac{|\sin x|}{x} \leqq \frac{1}{x}$$

が成り立つ．ここで，$\displaystyle \lim_{x \to \infty} \frac{1}{x} = 0$ な

ので，((1) 同様) はさみうちの原理より，

$\displaystyle \lim_{x \to \infty} \frac{\sin x}{x} = 0$ である．

C.2　(1) $x > 1$ として，x の整数部分を n，小数部分を α とおいて，$x = n + \alpha$ と分解すると，$n = [x]$，かつ $0 \leqq \alpha < 1$ である．よって，$[x] \leqq x < [x] + 1$，すなわち，$n \leqq x < n + 1$ が成り立つ．

(2) $n \leqq x < n + 1$ より，

$$\frac{1}{n+1} < \frac{1}{x} \leqq \frac{1}{n}$$

が成り立つ．よって，

$$1 + \frac{1}{n+1} < 1 + \frac{1}{x} \leqq 1 + \frac{1}{n}$$

である．辺々はそれぞれ 1 以上ゆえ，それぞれ $n \leqq x < n + 1$ 乗すれば，

$$\left(1 + \frac{1}{n+1}\right)^n$$
$$< \left(1 + \frac{1}{x}\right)^x < \left(1 + \frac{1}{n}\right)^{n+1}$$

を得る．

(3) $\displaystyle \lim_{n \to \infty} \left(1 + \frac{1}{n}\right)^n = e$ より，

$$\lim_{n \to \infty} \left(1 + \frac{1}{n+1}\right)^{n+1} = e$$

である．よって，$n \to \infty$ のとき，

$$\left(1 + \frac{1}{n+1}\right)^n$$
$$= \left(1 + \frac{1}{n+1}\right)^{n+1}$$
$$\left(1 + \frac{1}{n+1}\right)^{-1}$$
$$\to e \cdot (1 + 0)^{-1} = e$$

が成り立つので，$\displaystyle \lim_{x \to \infty} f(x) = e$ を得る．

(4) $n \to \infty$ のとき，

$$\left(1 + \frac{1}{n}\right)^{n+1}$$
$$= \left(1 + \frac{1}{n}\right)^n \left(1 + \frac{1}{n}\right)$$
$$\to e(1 + 0) = e$$

が成り立つので，$\displaystyle \lim_{x \to \infty} g(x) = e$ を得る．

(5) 不等式

$$f(x) < \left(1 + \frac{1}{x}\right)^x < g(x)$$

および (3)(4) の結果より，はさみうちの原理を用いて，(C.2) を得る．

C.3　(1)

$$\lim_{x \to -\infty} \left(1 + \frac{1}{x}\right)^x \quad (t = -x)$$
$$= \lim_{t \to \infty} \left(1 - \frac{1}{t}\right)^{-t}$$
$$= \lim_{t \to \infty} \left(\frac{t-1}{t}\right)^{-t}$$
$$= \lim_{t \to \infty} \left(\frac{t}{t-1}\right)^{t}$$
$$= \lim_{t \to \infty} \left(1 + \frac{1}{t-1}\right)^{t}$$

200   付録 C   問の解答

$$= \lim_{t \to \infty} \left(1 + \frac{1}{t-1}\right)^{t-1}$$

$$\times \lim_{t \to \infty} \left(1 + \frac{1}{t-1}\right)$$

$$= \lim_{s \to \infty} \left(1 + \frac{1}{s}\right)^s \times 1 = e$$

$$(s = t - 1)$$

(2) 左側極限 $\displaystyle\lim_{h \to -0} (1+h)^{\frac{1}{h}}$ と右側極限

$\displaystyle\lim_{h \to +0} (1+h)^{\frac{1}{h}}$ をそれぞれ調べ，左右から

の極限値が一致することをみる.

$x = \dfrac{1}{h}$ とおくことで，

$$\lim_{h \to +0} (1+h)^{\frac{1}{h}}$$

$$= \lim_{x \to \infty} \left(1 + \frac{1}{x}\right)^x = e$$

$$\lim_{h \to -0} (1+h)^{\frac{1}{h}}$$

$$= \lim_{x \to -\infty} \left(1 + \frac{1}{x}\right)^x = e$$

$$((1) \text{ より})$$

(3) $\displaystyle\lim_{x \to 0} \frac{\log(1+x)}{x}$

$$= \lim_{x \to 0} \log(1+x)^{\frac{1}{x}}$$

$$\overset{(*)}{=} \log \lim_{x \to 0} \left((1+x)^{\frac{1}{x}}\right)$$

$$= \log e = 1 \quad ((2) \text{ より})$$

$(*)$ の変形は $\log x$ が連続であることによる.

(4) $\displaystyle\lim_{h \to 0} \frac{e^h - 1}{h} \quad (x = e^h)$

$$= \lim_{x \to 1} \frac{x-1}{\log x} \quad (t = x - 1)$$

$$= \lim_{t \to 0} \frac{t}{\log(1+t)} = 1$$

$$((3) \text{ より})$$

C.4

$$\lim_{h \to 0} \frac{e^{x+h} - e^x}{h}$$

$$= e^x \lim_{h \to 0} \frac{e^h - 1}{h} = e^x$$

索　引

■あ 行
値, 2
一意性, 149
1 次分数関数, 27
1 次方程式, 151
1 対 1 上への写像, 3
1 対 1 写像, 2
一般角, 183
陰関数, 93
上への写像, 2
鋭角, 177
大きさ, 145
同じ型の行列, 154

■か 行
開区間, 5
回転角, 182
回転行列, 164
回転体, 126
回転の合成, 164
角, 182
角度, 182
加法定理, 46
関数, 3
奇関数, 25, 124
基本周期, 44
基本ベクトル, 148
逆回転行列, 165
逆関数, 8

逆行列, 165
逆ベクトル, 143
狭義単調関数, 85
狭義単調減少, 7
狭義単調増加, 7
行ベクトル, 140, 154
行列, 153
行列式, 167
極限値, 193, 194
極小, 86
極小値, 86
極大, 86
極大値, 86
極値, 86
虚部, 167
偶関数, 25, 124
グラフ, 10
結合法則, 142
原始関数, 109
減少関数, 85
減少する, 85
原点対称, 124
交換法則, 141
弧度法, 180, 182

■さ 行
差, 143, 156
最小値, 11
最大値, 11

三角関数, 39
三角関数の合成, 52
三角関数の積を和・差に
　　　直す公式, 50
三角関数の和・差を積に
　　　直す公式, 52
三角比, 177
軸, 17
指数, 55
次数, 24
指数関数, 55
指数法則, 186
始線, 183
自然対数, 189
自然対数の底, 98
実部, 167
始点, 139
写像, 2
周期, 43
周期関数, 43
収束する, 193, 194
従属変数, 5
終点, 139
常用対数, 189
真数, 189
真数条件, 189
スカラー積, 147
スカラー倍, 143, 155
正規性, 149

202　索　引

正弦, 178
正弦関数, 39
正弦曲線, 44
正弦定理, 179
正接, 178
正接関数, 39
正接曲線, 44
正の角, 183
正の向き, 183
正の無限大に発散する,
　　193
成分, 140, 153
正方行列, 154
積, 157
絶対値, 169
漸近線, 27
全射, 2
全単射, 3
像, 2
増加関数, 85
増加する, 85
双曲線, 27
増減表, 87
相等, 141

■た　行
対応, 1
対角成分, 154
対称移動, 18
対数, 55, 188
対数関数, 57, 98
対数微分法, 108
多項式関数, 24
縦ベクトル, 140, 154
単位円, 39
単位行列, 159
単射, 2
単調関数, 85
単調減少, 7

単調増加, 7
値域, 2
置換積分, 121
頂点, 17, 182
直交する, 146
直交性, 149
底, 55, 57, 188
定義域, 2
定数, 4
定積分, 116
底の条件, 189
導関数, 79
動径, 183
独立変数, 5
度数法, 180
ドット積, 147
鈍角, 177

■な　行
内積, 147
長さ, 145
なす角, 145
2 次関数, 17
2 倍角の公式, 48
ネイピア数, 189, 196

■は　行
はさみうちの原理, 95,
　　195
発散する, 193
半開区間, 5
半角の公式, 49
左側極限, 194
左半開区間, 5
等しい, 155
微分可能, 80
微分係数, 77
微分する, 80
複素数, 167

不定積分, 109
負の角, 183
負の向き, 183
部分積分法, 115
分数関数, 27
平均変化率, 77
閉区間, 5
平行移動, 18
ベクトル, 140
変数, 4
放物線, 17

■ま　行
マトリックス, 153
右側極限, 194
右半開区間, 5
無回転, 164
無理関数, 28

■や　行
有向線分, 139
有理関数, 27
陽関数, 93
余弦, 178
余弦関数, 39
余弦定理, 179
横ベクトル, 140, 154

■ら　行
零行列, 156
零ベクトル, 143
列ベクトル, 140, 154
連続, 7, 91
連立 1 次方程式, 151

■わ　行
和, 141, 155
y 軸対称, 124

著者紹介

つじかわ とおる
辻川 亨　博士（数理科学）
　1986 年　広島大学大学院理学研究科博士課程単位取得満期退学
　現在　宮崎大学名誉教授
　著書　『線形代数入門』学術図書出版社（共著，2017）など

おおつかひろし
大塚浩史　博士（理学）
　1997 年　東京工業大学理工学研究科博士後期課程単位取得満期退学
　現在　金沢大学理工研究域数物科学系数学コース　教授
　著書　『楕円型方程式と近平衡力学系（上・下）』朝倉書店（共著，2015）など

いずはらひろふみ
出原浩史　博士（理学）
　2008 年　広島大学大学院理学研究科博士課程後期修了
　現在　宮崎大学工学教育研究部工学基礎教育センター　准教授
　著書　『線形代数入門』学術図書出版社（共著，2017）

いとう つばさ
伊藤 翼　博士（理学）
　2014 年　北海道大学大学院理学院数学専攻博士後期課程修了
　現在　佛教大学教育学部教育学科　特別任用教員（講師）

やざきしげとし
矢崎成俊　博士（数理科学）
　2000 年　東京大学大学院数理科学研究科博士課程修了
　現在　明治大学理工学部数学科　専任教授
　著書　『大学数学の教則』ちくま学芸文庫（2022）など

微分積分の押さえどころ

2019 年 11 月 30 日	第 1 版 第 1 刷 発行	
2023 年 4 月 30 日	第 1 版 第 2 刷 発行	

著　者　辻 川　　亨

大 塚 浩 史

出 原 浩 史

伊 藤　　翼

矢 崎 成 俊

発 行 者　発 田 和 子

発 行 所　株式会社　学術図書出版社

〒113-0033　東京都文京区本郷 5 丁目 4 の 6
TEL 03-3811-0889　振替 00110-4-28454
印刷　三松堂（株）

定価はカバーに表示してあります.

本書の一部または全部を無断で複写 (コピー)・複製・転載
することは,著作権法でみとめられた場合を除き,著作者
および出版社の権利の侵害となります.あらかじめ,小社
に許諾を求めて下さい.

© 2019　T. TSUJIKAWA, H. OHTSUKA, H. IZUHARA,
T. ITOH, S. YAZAKI
Printed in Japan
ISBN978-4-7806-0783-3　C3041